现代无人直升机技术基础丛书

无人直升机结构原理

主　编	王春龙	蒋双双	阳　武	
副主编	时荔蕙	阮小燕	金　鑫	郝文龙
编　者	王春龙	蒋双双	阳　武	时荔蕙
	阮小燕	金　鑫	郝文龙	井沛良
	师嘉祺	纪传胤	韩江雪	刘　杨
	谢　迎	杨　茵		

西北工业大学出版社

西安

【内容简介】 本书以无人直升机结构原理为主线展开,主要结合作者多年从事无人直升机教学、科研以及运用经验,对无人直升机多种工况的载荷分析、部件的结构分析、材料设计与选用、结构静强度计算、疲劳分析与寿命估算以及疲劳试验等方面进行了详细的阐述,并提供了比较详细的计算和设计依据。

本书既可以作为从事无人直升机(包括军用和民用无人直升机)结构设计研发人员的参考书,也可以作为生产制造企业相关人员的参考书,还可以作为高等院校相关专业的教材。

图书在版编目(CIP)数据

无人直升机结构原理 / 王春龙,蒋双双,阳武主编
. — 西安 : 西北工业大学出版社,2023.12
ISBN 978 - 7 - 5612 - 9160 - 3

Ⅰ.①无… Ⅱ.①王… ②蒋… ③阳… Ⅲ.①无人驾驶飞机-直升机 Ⅳ.①V275

中国国家版本馆 CIP 数据核字(2024)第 060658 号

WUREN ZHISHENGJI JIEGOU YUANLI

无 人 直 升 机 结 构 原 理
王春龙 蒋双双 阳武 主编

责任编辑:胡莉巾		策划编辑:杨 军	
责任校对:孙 倩		装帧设计:李 飞	

出版发行:西北工业大学出版社
通信地址:西安市友谊西路 127 号   邮编:710072
电　　话:(029)88491757,88493844
网　　址:www.nwpup.com
印　刷　者:西安五星印刷有限公司
开　　本:787 mm×1 092 mm   1/16
印　　张:13.5
字　　数:337 千字
版　　次:2023 年 12 月第 1 版   2023 年 12 月第 1 次印刷
书　　号:ISBN 978 - 7 - 5612 - 9160 - 3
定　　价:69.00 元

前言

无人直升机是一种在无线电遥控下或者根据预设程序自主运行的不载人飞行器,可以执行许多有人直升机无法完成的任务。无人直升机其独特的动力学特性,使其具有很好的低空低速特性和极佳的机动灵活性,在军事与民用领域都倍受青睐。在军事领域,自 20 世纪 80 年代的中东战争开始,无人直升机的军事价值逐步体现,并逐渐展露锋芒。在民用领域,无人直升机广泛应用于地形勘察、侦察救灾、通信中继等任务。在"5·12"汶川地震中,无人直升机在恶劣条件下顺利完成了通信中继、影像获取和物资投放等任务。

本书主要研究无人直升机的运动特性、性能和设计问题,这是无人直升机结构设计的基本依据。任何无人直升机的整体结构及各种部件结构的设计都需要满足特定的设计要求,比如,要实现各种"飞"的功能,要实现平稳安全"着陆",以及满足在各种环境下的强度要求,等等,学习其结构原理是每一个结构设计者必须要过的基础关。

本书第 1 章介绍无人直升机发展状况与系统设计;第 2 章对飞机在各种工况下的外载荷进行分析与计算,并介绍载荷系数和安全系数;第 3 章对无人直升机结构分析进行分类阐述,包括机身、旋翼、尾梁、尾翼、起落装置等;第 4 章对无人直升机的结构材料进行详细介绍,包括复合材料的使用以及夹层结构复合材料的选用等;第 5 章阐述无人直升机各种部件结构的静强度计算方法;第 6 章详细介绍无人直升机结构的疲劳强度计算与寿命评估方法以及如何进行疲劳试验等。

本书是在前人研究基础上总结归纳、更新内容并加以完善后形成的。

本书由王春龙、蒋双双、阳武担任主编,本书第 1 章由王春龙和蒋双双编写,第 2 章由阳武和时荔蕙编写,第 3 章及第 4 章由阮小燕、金鑫、井沛良和纪传胤编写,第 5 章由师嘉祺、韩江雪和刘杨编写,第 6 章由郝文龙、谢迎和杨茵编写。

在此感谢各位专家的大力支持,本书才得以顺利完成。写作本书曾参阅了相关文献、资料,在此谨向其作者深致谢忱。

由于水平有限,书中不足之处在所难免,恳请广大读者批评指正。

编 者
2022 年 11 月

目　录

第1章 绪论

1.1 无人直升机系统概述

1.1.1 无人直升机系统定义

无人直升机是指由无线电地面遥控飞行或(和)自主控制飞行的可垂直起降(Vertical Take-Off Landing,VTOL)不载人飞行器,在构造形式上属于旋翼飞行器,在功能上属于垂直起降飞行器[1]。

在实际的工程实践与机型应用中,无人直升机平台是全系统一个最重要的组成部分。无人直升机系统作为一个整体运行的系统,从一开始就应该作为一个完整的系统来考虑,并按照无飞行员、无座舱的模式进行最优设计,这样才能获得较好的设计与研制效果[2]。

无人直升机不需要通过跑道实现起飞、着陆,有较强的机场适应性,并且在飞行中机动灵活性强,有较强的生存力[3]。无人直升机具有其他飞行器所不具备的飞行特点,因此它可以执行其他飞行器无法完成的任务,例如,它既可用于军事的实时情报采集、监视、侦察、通信中继、目标截获及战场管理等任务,又可用于民用的电力巡线与架线、地图测绘、交通监控、森林防火、地震灾情探测等事务。因此,近年来国内外航空院所、企业都加大了无人直升机系统的研发力度[4]。

1.1.2 无人直升机系统研制的必要性

在静止空气和相对气流中,无人直升机旋翼旋转能产生向上的拉力,由自动倾斜器操纵则可产生向前、向后、向左或向右的水平分力,因而无人直升机能够做到:①垂直上升或下降、空中悬停、原地转弯,前飞、后飞和侧飞;②长时间在空中悬停,在贴近地面处机动飞行,或利用地形地物隐蔽飞行;③不需要专用的机场和跑道进行起飞和降落,也不必配备复杂的发射、回收系统;④若发动机发生故障导致空中停车,无人直升机可以利用旋翼自转下滑安全降落[5]。

由于无人直升机相对于固定翼飞机或有人驾驶直升机具有这些独特的优势与特点,所以应用十分广泛,具有巨大的实用价值。

通常,一个飞行器系统从最初设计时就应当考虑它需要承担什么特定的任务,设计师需要根据飞行器被赋予的任务来确定选择哪种飞行器。对于无人直升机系统,其主要在下面一些类型的任务中存在应用的必要性[6]。

1. 枯燥任务

在 1999 年科索沃战争期间,B-2 飞机机组人员从通常的 2 名扩充到 3 名,在 34 天里执行了从密苏里州到塞尔维亚的往返飞行任务,历时 34 h。即便人员扩充,繁重的管理任务仍然是最棘手的问题。兰德公司在科索沃战争结束后进行了评估,提出每架飞机的机组人员应从 2 名增加到 4 名或实施国外部署。然而,该建议存在明显的缺陷,因为成倍增加机组人员要么将使训练架次和飞行时间增加 1 倍(训练利用美国空军有限的 B-2 飞机),要么将降低每名 B-2 机组人员的训练架次和飞行时间,但这会使得他们的作战和技能掌握的熟练程度下降很大的幅度。与之截然相反的是,在 2001 年阿富汗战争和 2003 年伊拉克战争中,美国本土操作人员每 4 h 轮换 1 次,操纵 MQ-1 无人机在阿富汗和伊拉克进行了连续几天的作战任务,因此承受压力的时间较短。

陆军的情报侦察、战场监视以及海军的中短程海上监视等重复性军事侦察任务,以及一些民用的探测、测绘等任务,对飞行员来说是一项非常枯燥的工作:需要进行不间断的观察,长时间得不到休息,容易导致注意力不集中,进而影响任务的完成效果。无人直升机通过携带的高清晰光电/红外吊舱或扫描雷达等任务载荷,能够有效地完成这类任务,而且成本不高。通过无人直升机系统的任务规划与控制站,可以采用交替工作的模式来降低这种枯燥任务的工作强度。

2. 危险任务

侦察任务通常是一项危险的任务。在完成对重点防护区域侦察等军事任务中,有人机的机组人员会因受到攻击威胁而分散履行任务的精力,导致有人机损耗的概率要大于无人机。第二次世界大战期间,美军第三侦察大队的飞行员在北非战场的死亡率达到 25%,而飞入德国领空的轰炸机飞行员死亡率仅为 5%。在冷战时期,美军的侦察任务共损失了 23 架有人驾驶飞机和 179 名飞行员,这些损失加快了美国开展无人机研发工作的进度,以更好地执行侦察任务。无人机系统能够提供帮助的其他危险任务还包括对敌防空压制(SEAD)、攻击和电子战。部署无人机可以达到降低高危险环境内机组人员伤亡风险的目的。将这些任务部署给无人战斗机(UCAV),将直接解决攻击或削弱敌方一体化防空系统能力所存在的危险。

无人直升机系统任务规划与控制站中的操控人员由于远离战场,没有人身危险,可以集中精力,更加高效地完成任务。此外,由于无人直升机尺寸小,可以选择较为隐蔽的区域飞行,不易被敌方防空系统探测,被防空导弹或火炮击落的可能性大大降低,所以无人直升机具有更高的任务成功率,而且没有损失飞行员的危险。

对于输电线路巡检、大面积森林防火、核生化污染的环境监测等民用领域,任务的完成对有人机飞行员来说也比较危险,而携带相应任务载荷的无人直升机能有效地完成该类任务,而不会将飞行员置于危险环境。面对此类恶劣飞行环境所带来的危险性,无人直升机呈现出良好的实用价值。

3. 隐蔽任务

在军事和民用监察行动中,很重要的一点是不能让"敌方(其他武装分子或罪犯)"察觉已经被监测。无人直升机能够借助地形地物,选择较为隐蔽的区域飞行,这些低探测特性使得无人直升机比较适合完成该类任务。

4. 科研任务

当前,无人直升机正被用于航空领域的型号研制。例如,将无人直升机作为研制军用或民用有人直升机的缩比试验样机,完成直升机在空中真实环境下的测试,这样既能降低研发测试的费用,又能降低测试的危险性。同时,由于节省了对飞行员座舱和工作环境的设计,相对于直接研制大型直升机来说,缩比样机验证后的修改完善具有低成本、快捷等特点。

5. 环境因素

适用无人直升机的环境因素主要体现在民用领域。完成相同的任务,无人直升机产生的环境影响和污染要小于有人直升机。通常无人直升机尺寸小、重量轻、能源消耗小,因而产生的噪声和排放也小。最典型的是在输电线路反复巡检的应用过程中,一般当地居民都会反对由此产生的噪声,而且输电线路附近的动物也会因低空大型直升机的噪声而产生恐慌,相对于有人机,噪声较小的无人直升机在这些领域有很好的应用前景。

6. 经济性考虑

无人直升机通常比有人直升机小,虽然针对某些任务需要配备诸如合成孔径雷达之类较为昂贵的设备,但是省去了昂贵的飞行员培训与生命保障等费用,所以综合计算发现首次购置费还是比较低的。另外,由于无人直升机维修费、燃油费、存放保管费等都比较低,且地面操作人员的工资、保险等费用总体来说要远远低于有人机的飞行员,所以无人直升机的使用成本相对低廉。

无人直升机一个广泛应用的案例为区域监视。这种任务通常可以由载有两名机组人员(一名为飞行员,另一名为监视者)的轻型直升机来完成。承载这两名机组人员的空间,包括座位、控制手柄、仪器等,要求大约 1.2 m³,前部空间要求大约 1.5 m³,而完成相同任务的无人直升机,只需要 0.015 m³ 的空间存放传感器、自主飞行控制与导航系统、光电/红外吊舱和无线数据通信链路等机载设备,而设备舱前部空间大约也只需要 0.04 m³。轻型有人直升机执行该类任务需要携带的载荷包括人员(飞行员和监视者)和辅助设备(座位、显示器、控制手柄、空调设备等),总质量至少为 230 kg,而无人直升机完成相应任务只需配备飞控导航系统和监视传感器等,总质量约为 10 kg。因此,对于一个小型无人直升机来说,有人直升机大约需要额外携带 220 kg 的质量,以及满足 37 倍的前部空间需求,这个空间需求也会等比例地产生机体阻力[7]。由此可见,无人直升机上没有机组人员,既能对无人直升机的设计进行简化,又能降低无人直升机的造价。

综上所述,无人直升机在复杂多变的环境中有较强的适应能力,具有高度的灵活性,并且能代替人去执行多样且复杂的任务,同时具有无人员伤亡、隐蔽性好、体积小、战场生存力高等优越性,在军用和民用上都有着广泛的应用前景。

1.2　无人直升机系统发展简史

1.2.1　国外无人直升机发展概况

　　无人直升机的研制最早可追溯到 20 世纪 50 年代,当时美国、英国、德国等国家率先开始了对无人直升机的设计与开发。1960 年,世界上第一架反潜无人直升机 QH-50A(见图 1-1)成功完成试飞,之后其携带 2 枚 MK44 型鱼雷担任舰队反潜作战任务。美国海军一共购买了大约 800 架 QH-50 系列反潜无人直升机。同时,对于无人直升机这一平台,美国也投入了研发。QH-50D 就是一款参加了越南战争的无人直升机,其可为己方部队提供战场监视、炮瞄、侦察等任务。QH-50 是世界上首次出现的一款具有实用价值的无人直升机,但由于当时技术水平的限制,该无人直升机的性能与功能都无法满足军方的使用需求,且事故率偏高,20 世纪 70 年代初停止了使用。图 1-2 所示为携带两枚 MK44 型鱼雷进行反潜作战的 QH-50C 无人驾驶直升机。

图 1-1　QH-50A 反潜无人直升机　　　　　图 1-2　反潜作战中的 QH-50C

　　20 世纪八九十年代,无人直升机的发展百花齐放,出现了多种气动外形以及具备多任务能力的无人直升机,比较典型的有采用共轴旋翼涵道式设计的 Cypher 无人直升机、"鹰眼"(Eagle Eye)倾转旋翼无人直升机、共轴双旋翼无人直升机 Ka-137、针对无人系统全新设计的 A160T"蜂鸟"无人直升机、CL-327"哨兵"无人直升机等[6]。90 年代以来,为了满足高技术战场侦察的需求,美国等发达国家开始对一代无人直升机投入研发,随着长期的投入和大量的飞行测试,近年来已有一些机型日趋成熟,比较典型的有瑞典的 APID60 无人直升机、奥地利的 S-100 无人直升机、美国诺思罗普·格鲁门公司的侦察打击一体化无人直升机"火力侦察兵"(Fire Scout)[6]。

1. 美国 Cypher 无人直升机

　　美国西科斯基公司从 1986 年开始进行 Cypher 的概念设计,第一架 Cypher 技术验证机于 1992 年进行了系留试飞,1993 年进行了自由飞行。1994 年以来,Cypher Ⅰ 无人直升机

(见图1-3)已经展示了各种不同的飞行能力,至1998年,已经试飞了500个起降。2003年6月,西科斯基公司CypherⅡ无人直升机(见图1-4)进行了第一次系留飞行试验。CypherⅡ采用了在Cypher技术验证机上开发的封闭式旋翼。增大的机翼和一个推进式螺旋桨使该机具有高速飞行能力。该机翼展3 m,任务载荷质量约为113 kg,前飞速度为217 km/h,可在直升机模式与固定翼飞机模式之间切换飞行。Cypher无人直升机使用了共轴旋翼的涵道式设计,全部动力来源是两副四片桨叶、一个负责推进的涵道风扇和一对短翼(提供部分升力)。Cypher机体呈圆环形,采用涵道式结构,两副四片桨叶的共轴旋翼全部置于涵道之中。Cypher无人直升机的涵道具有多种功能,它可支持、固定和保护旋翼,同时可产生一部分升力,它还作为机体来容纳发动机、航空电子设备、燃油、有效载荷以及其他与飞行相关的硬件。

图1-3 CypherⅠ无人直升机

图1-4 CypherⅡ无人直升机

Cypher无人直升机的主要指标如表1-1所列。

表1-1 Cypher无人直升机主要指标

技术参数	技术指标	技术参数	技术指标
旋翼直径	1.2 m	空重	75 kg
机长(折叠)	0.6 m	最大有效载荷	23 kg
机高	2 m	最大速度	121 km/h
动力装置	1台UELAR801型转子发动机	升限	2 440 m
发动机功率	37.8 kW	活动半径	80 km
最大起飞质量	113 kg	续航时间	3 h

Cypher无人直升机是一种近程军民两用无人飞行器,最初是为了空中侦察而设计的,主要用来提供战场目标定位和跟踪信息。随着Cypher无人直升机技术的发展与成熟,该平台的用途逐渐增多,能够完成多种不同的任务,包括警戒、搜索、空中遥感、任务载荷运送和无线电中继等。

Cypher无人直升机的自主飞行模式有自主起飞和着陆、定点悬停、高度保持、速度保持和自主返航等。通过一个运动的地面站对 Cypher 无人直升机进行控制和管理,使用操纵显示器就可规划、监视和执行整个任务过程。根据对任务、使用范围和图像质量的不同要求,Cypher 无人直升机的任务载荷可包括光电传感器、前视红外传感器、小型雷达、化学探测器、磁测仪、无线电中继设备等。

2. 美国"鹰眼"倾转旋翼无人直升机

1991 年 12 月,美国贝尔直升机公司开始研制"鹰眼"无人直升机。这是一种倾转旋翼无人直升机(见图 1-5),它是基于 V-22 有人驾驶倾转旋翼飞机而发展起来的,并于 1992 年在美国得克萨斯州达拉斯市达信集团贝尔直升机公司(BHTI)举行了首次飞行试验。该无人直升机同时拥有直升机和固定翼飞行器的特点,飞行包线更宽,最大飞行速度可达 388 km/h。该无人直升机主要指标如表 1-2 所列。

图 1-5 "鹰眼"倾转旋翼无人直升机

表 1-2 "鹰眼"倾转旋翼无人直升机主要指标

技术参数	技术指标	技术参数	技术指标
机长	5.18 m	空重	340 kg
翼展	4.6 m	有效载荷	90~136 kg
动力装置	Allison 250 - C20 GT	最大飞行速度	388 km/h
发动机功率	309 kW	续航时间	6 h
最大起飞质量	1 020 kg		

3. 俄罗斯 Ka-137 多用途无人直升机

从 1994 年开始,俄罗斯卡莫夫飞机设计局在 Ka-37 的基础上研制了 Ka-137 无人直升机(见图 1-6)。它也采用共轴双旋翼结构,但它的外形尺寸更小,机体形状为球形,并采用四腿起落架。该无人直升机主要指标如表 1-3 所列。该机于 1995 年完成草图设计,同年在莫斯科航展首次展出，于 1996 年完成全尺寸模型制作，1999 年定型投产并开始装备俄罗斯陆军和边防部队。

图 1-6　Ka-137 无人直升机

表 1-3　Ka-137 多用途无人直升机主要指标

技术参数	技术指标	技术参数	技术指标
旋翼直径	5.30 m	空重	200 kg
球形机身最大直径	1.30 m	最大有效载荷	80 kg
机身长（不计旋翼）	1.88 m	最大速度	175 km/h
机宽（不计旋翼）	1.88 m	巡航速度	145 km/h
机高	2.30 m	悬停升限	2 900 m
动力装置	1 台 Hirth 2706 R05 型二冲程活塞式发动机	使用升限	5 000 m
发动机功率	48.5 kW	最大航程	530 km
最大起飞质量	280 kg	续航时间	4 h

　　Ka-137 机体由上下两个独立的部分组成，上半部分装载发动机、燃油及控制系统，下半部分放置任务载荷和各种传感器。该机装有一套数字控制系统，能够实现自动飞行，机载惯性/卫星导航系统能够使该机完成许多复杂的自动飞行任务。

　　Ka-137 可携带最大 80 kg 的有效载荷，除了在军事上的特殊用途以外，主要还可用于生态监测、油气管道监测、森林防火、辐射和生化侦察、自然灾害监测、渔场保护、船舶航行搜索、气候信息探测、救援信号发射等民用航海事业。

　　4. 美国 A160T"蜂鸟"无人直升机

　　美国波音公司 A160"蜂鸟"无人直升机于 2002 —2007 年进行过 36 次试飞，其中发生过 3 次坠毁事故。A160T（见图 1-7）是 A160 的改进型，波音公司先制造了一架试飞用验证机(编号 A008),并于 2007 年 6 月 15 日首飞成功。这是针对无人系统从零开始专门研制的一个全新无人直升机结构平台。该无人直升机长 10.7 m,动力来自普惠加拿大公司的 PW207D 涡轴发动机,驱动一个直径为 11 m 的四桨叶旋翼。机身与旋翼都采用轻质的碳纤维复合材料制造,流线型的机体与可收放的起落架设计,既降低了直升机所受阻力,又减小了雷达散射截面。

图 1 - 7　A160T"蜂鸟"无人直升机

A160T 结构设计的一大改进是采用了最优旋翼转速(Optimum Speed Rotor,OSR)专利技术,刚性旋翼转速调节比可达 2(飞行中的最大转速与最小转速之比)。OSR 概念的关键突破就是其刚性旋翼采用了极轻的复合材料设计、制造,并安装在一个钢制的无铰式旋翼桨毂中,而且其只能在桨距方向围绕一个加强轴承运动,这个加强轴承系统可以承受远大于铰接式旋翼系统的力矩。这种设计使得 A160T 可以根据飞行高度和速度来改变旋翼的转速以优化燃料的使用效率,从而大大减少了燃油的消耗量,达到增加航程和任务载荷的目的,并降低了噪声,提高了无人直升机的性能。

A160T 自 2007 年首飞成功后,在后续近半年的时间里先后共完成 9 次试飞。历经若干年的研制和发展,A160T 已日趋成熟,可以尝试验证各种任务载荷,逐步扩大作战用途。

在 2007 年 10 月的一次试飞中,为了模拟一次带多个传感器的作战任务,一架 A160T 在携带 225 kg 任务载荷的情况下,在 1 500 m 高度飞行了 12.1 h。当该直升机着陆时,消耗的燃油还不到最大燃油量的 60%。

在 2008 年 5 月 14 — 15 日进行的飞行试验中,A160T 创造了连续飞行 18.7 h 的新纪录,这个纪录更新了 500~2 500 kg 级中型无人直升机连续飞行的世界纪录。

5. 加拿大 CL - 327"哨兵"无人直升机

加拿大 CL - 327"哨兵"无人直升机是一种具备高生存力、可进行实时监视和目标探测的飞行器,其外形像一个大花生。它是以 CL - 227 为基础发展起来的,飞行高度已超过 5 500 m,最大巡航速度为 158 km/h,续航时间为 6 h,有效载荷为 100 kg,数传系统采用定向天线,传输距离达到 180 km。不用火箭发射及回收网回收,就可在海军的护卫舰上起降,这是它最大特点。

早在 1978 年,加拿大航空公司就完成了第一架"哨兵"原型机。但在当时,这种原型机主要用于军舰的防空作战,只能执行系留升空、警戒空中目标的任务。在研制工作第二阶段进行了各种应用性实验,并分别在 1981 年 12 月完成了不系留飞行工作实验、在 1982 年完成了战术环境下的战斗飞行实验,1983 年又分别向美国和北约进行了正式的推销性的表演飞行活动,取得了美国和北约的信任。之后,研制工作进入了第三阶段。从美国陆军 1987 年正式参与这种无人直升机的军事应用评定工作开始,"哨兵"无人直升机步入了定型和生产阶段,先后共生产了 10 架原型直升机、2 套地面站和 6 套作战任务飞行的载荷设备。接下来,加拿大军方资助研制了 CL‐427PUMA 无人直升机,该机最大速度达到 209 km/h。

6. 瑞典 APID60 无人直升机

APID60 无人直升机(见图 1‐8)源自 1992 年瑞典国防研究局与瑞典林雪平大学的一个联合研究项目。经历 10 余年的发展,他们于 2003 年成立了赛博公司。APID60 是 APID55 无人直升机的升级版。APID55 型无人直升机曾出口阿联酋,最大速度为 110 km/h,测控距离为 50 km。阿联酋主要用 APID55 型无人直升机执行海岸巡逻、反走私等任务。APID60 无人直升机系统主要由三大部分组成——APID60 直升机平台、地面控制站和选配的任务载荷系统,具有全自主起飞、航迹飞行和着陆能力,无需地面人员的实时操控。其主要指标如表 1‐4 所列。目前这款无人直升机已经历极地和荒漠等多种环境测试。

图 1‐8　APID60 无人直升机

表 1‐4　APID60 无人直升机主要指标

技术参数	技术指标	技术参数	技术指标
机身材料	碳纤维复合材料、钛合金、铝合金	最大起飞质量	160 kg
机长	3.2 m	空重	105 kg
机高	1.2 m	有效载荷和燃料	最大 55 kg
机宽	0.95 m	最大速度	110 km/h
旋翼直径	3.3 m	巡航速度	90 km/h
动力装置	2 缸,二冲程水冷,燃油喷射,电起动	最大升限	3 000 m

续表

技术参数	技术指标	技术参数	技术指标
发动机功率	41 kW	续航时间	3～6 h
燃料容量	60 L		

模块化的机械结构设计与航电系统设计使得 APID60 无人直升机系统具有较强的灵活性和适应性,可以满足用户的多种需求。当 APID60 无人直升机搭载多种传感器并与地面控制站建立数据链接时,它可以在海上和陆上执行多种任务,如航拍、边界巡逻、搜索、监测等。

7. 奥地利 S-100 无人直升机

奥地利 Schiebel 公司于 1994 年开始致力于无人直升机的研制,研究无人直升机探雷技术。2000 年 Schiebel 公司在无人直升机市场上成功推出了 CAMCOPTER 5.1 无人直升机,该机选用常规单旋翼带尾桨构型,采取模块化设计,最大起飞质量为 74 kg,有效载荷为 34 kg,可由轻型多用途车辆运到使用地点。2003 年以后 Schiebel 公司成功研制出全新的 S-100 无人直升机(见图 1-9),2005 年 S-100 无人直升机赢得美国工业设计杰出奖。

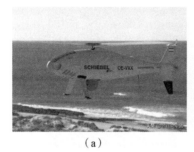

(a)　　　　　　　　　　　　(b)

图 1-9　S-100 无人直升机

在设计 S-100 无人直升机的过程中,Schiebel 公司开发、试验和配置了先进材料,机身采用航空复合材料——玻璃纤维/环氧复合材料的外/内蒙皮、刚性泡沫塑料壳式夹芯。获得专利的中部机身,采用了带整体油箱的硬壳式碳复合材料,这种机体是机身的另一个亮点。

S-100 无人直升机的初始用户是阿联酋,共订购了 80 架,并将其命名为"军刀"。这些无人直升机于 2005 年 6 月开始生产,12 月起交付。据英国《防务系统日刊》2006 年 4 月 26 日报道,Schiebel 公司研制的 S-100 无人直升机通过了阿联酋的验收试验。验收试验在气温超过 35 ℃、地面风速达到 12.8 m/s 的阿布扎比的沙漠环境下进行。试验中,该机达到了 3 962 m 的飞行高度(在接近最大起飞质量的条件下),飞行速度超过 185 km/h。此外,该机还搭载了一套 25 kg 有效载荷续航超过 6 h,试验结果满足甚至超过了计划指标。该无人直升机主要指标如表 1-5 所列。

表 1 - 5　S - 100 无人直升机主要指标[7]

技术参数	技术指标	技术参数	技术指标
机长	3.11 m	空重	110 kg
机高	1.12 m	任务载荷	50 kg
机宽	1.24 m	最大速度	240 km/h
旋翼直径	3.4 m	巡航速度	102 km/h
动力装置	1 台 300 ccm(1 ccm＝1 mL/min) 航空转子发动机	升限	5 486 m
发动机功率	37 kW	续航时间	6 h
最大起飞质量	200 kg		

2007 年,S - 100 无人直升机在一艘印度海岸巡逻舰上完成了为期两周的海试,评估包括巡逻舰在 14.8～29.6 km/h 航速、最大风速 9.3 m/s、中级海况条件下对无人直升机的操作。飞行超过了 2 h,试验证明了 S - 100 能在 3 600 m 高空、距离舰船 46.3 km 执行侦察任务。

2008 年 3 月 16 日,S - 100 无人直升机再次在巴基斯坦海军护卫舰上演示了其无与伦比的舰上起飞与降落能力。在所有飞行科目中,S - 100 无人直升机成功完成了陆上和海上目标的定位等侦察任务,并将被探测目标的精确位置和特征信息成功传递给试验小组。

2008 年 11 月,S - 100 无人直升机在位于波罗的海的德国海军 K130 级轻型护卫舰上完成了为期 3 周的飞行试验。试验中,S - 100 无人直升机与轻型护卫舰相结合,形成了一种新的作战概念。

8. 美国"火力侦察兵"无人直升机

1998 年,美国制订了"先进概念技术验证"计划,主要研究各种类型的无人直升机。1998 年 11 月,美国海军向美国国防部联合需求监督(Joint Requirements Over sight Committee,JROC)提交了发展垂直起降战术无人直升机(Vertical Take - off Unmanned Aerial Vehicle,VTUAV)系统的作战需求文件。1999 年 1 月 JROC 审核了该文件,确定了 VTUAV 的关键性能需求:能携带 90 kg 的有效载荷从地面和军舰较小的无人直升机甲板上垂直起飞与降落,并能在空中稳定悬停,具有甲板停留能力和自动发射回收能力,作战半径为 176 km,在约 6 000 m 高度能续航 3 h,然后返航并能够在 12.9 m/s 风速下从任何方向在舰上无人直升机甲板垂直降落,可在地面控制站间传递无人直升机控制权,能够使用 JP - 5 或 JP - 8 燃油[8]。

1999 年 8 月,美国海军开始招标,竞标单位有庞巴迪集团、法国南方技术工业公司、贝尔公司、西科斯基公司和诺斯罗普·格鲁门公司瑞安航空中心(Ryan Aeronautical Center,RAC)。1999 年 9 月,庞巴迪集团退出竞争。诺斯罗普·格鲁门公司凭借位于圣迭戈的瑞安航空中心在无人机研制方面的技术优势,以常规民用直升机为基础,开发出"火力侦察兵"

的原型机——379 型垂直起落战术无人直升机，该机技术成熟、稳定和可靠，在满足低风险和低成本的要求方面具有优势，成为评估阶段最具竞争力的方案。

2000 年 1 月 12 日，诺思罗普·格鲁门公司在加利福尼亚州中国湖海军空战中心成功地进行了 379 型无人直升机首次自主飞行试验，该试验是在机载计算机的控制下自动进行的。这架无人直升机按照预先设计的飞行计划，成功完成了垂直起飞，在大约 3 050 m 的高度飞行了 18 min，并且顺利飞过了 4 个预定的航迹点，在没有任何人为干预的情况下返回起飞区成功着陆。

2000 年 2 月 9 日，美国海军宣布"火力侦察兵"胜出，与诺斯罗普·格鲁门公司签订了一份价值 9 370 万美元的合同——为海军陆战队小批量生产一套 VTUAV 系统，该系统包括了 3 架无人直升机、2 部远程数据终端、2 个地面控制站、舰载控制站以及相关的维护设备、文档、训练手册等，自此 VTUAV 进入工程制造发展阶段。VTUAV 系统由"火力侦察兵"无人直升机、任务载荷、地面控制单元、数据链设备、远程数据终端和地面维护设备构成。"火力侦察兵"采用垂直起降方式，可在距离基地 200 km 的目标上空定点悬停 3 h。地面控制单元集成战术通用数据链和 AN/ARC210UHFVHF 无线电台，可同时监控 3 架"火力侦察兵"，同时可利用战术控制系统通过"火力侦察兵"获得数据并将其传送到信息系统研究中心（Center for Information Systems Research，CISR）。

2005 年 7 月，MQ-8B（见图 1-10）成功发射了 2 枚 70 mm 火箭弹，这是第一个由无人直升机成功发射真实武器的试验。这次试验中，"火力侦察兵"执行打击任务的能力得到了验证，美国海军和陆军在"火力侦察兵"上装备武器的需求得到了满足。试验中，"火力侦察兵"在亚利桑那州"尤马"（Yuma）试验场发射了 2 枚 MK66 无制导火箭弹，并且按计划进行了武器装填、任务规划和最后发射，这次成功的试验以及获得的数据对美国海军和陆军的"火力侦察兵"的武器攻击能力评估都至关重要。MQ-8B 无人直升机主要指标如表 1-6 所列。

（a）　　　　　　　　　　　　（b）

图 1-10　MQ-8B"火力侦察兵"无人直升机

表 1-6　MQ-8B"火力侦察兵"无人直升机主要指标

技术参数	技术指标	技术参数	技术指标
机长	7.3 m	最大起飞质量	1 428.8 kg
机宽	1.9 m	飞行速度	≥212 km/h

续 表

技术参数	技术指标	技术参数	技术指标
机高	2.9 m	升限	6 100 m
旋翼直径	8.4 m	续航时间	8 h(基本任务载荷), 5 h(最大任务载荷)
动力装置	Rolls Royce 250 - C20W 涡轴发动机		

2006 年 8 月,诺斯罗普·格鲁门公司获得美国海军授予的一项总额为 1.36 亿美元的补充合同,MQ - 8B"火力侦察兵"垂直起降战术无人直升机(VTUAV)项目顺利进入系统验证与演示验证的最后一个阶段。诺斯罗普·格鲁门公司综合系统部 VTUAV 项目主管 Doug Fronius 表示,除海军外,还将为美国陆军提供 8 架 MQ - 8B。MQ - 8B 是基于施韦策四桨叶旋翼民用直升机改型而成的,续航及载荷能力相比于三桨叶 MQ - 8A 型无人直升机都有很大的提高,并加装了光电红外传感器、合成孔径雷达以及激光测距仪,可以携带"海尔法"导弹、70 mm Hydra 火箭弹等。

美国《国防工业日报》2007 年 12 月 28 日报道,"火力侦察兵"已经成为美军两个大型国防装备采办项目不可或缺的组成部分:美国陆军有史以来最大的采办项目"未来战斗系统"(FCS)、美国海军实施濒海作战的一种关键装备"濒海战斗舰"(LCS)。在 FCS 中,该型机已选作 N 级(旅级)无人航空器,是 FCS 已规划的无人航空器中最大、最高级的一种。

2010 年 4 月,第一架"火力侦察兵"被部署到美国海军"麦金纳尼"号护卫舰(FFFG - 8,舰型与"海利伯顿"号近似)上,并通过了军方评估。海军方面原计划将"火力侦察兵"部署在新的濒海战斗舰上,后来打算将其同时部署在其他舰船上以扩大应用。诺斯罗普·格鲁门公司"火力侦察兵"项目副经理 James Porter 说:"火力侦察兵,战术通用数据链与舰载系统之间的通信表现出色。其结果证明操控平台与飞机之间数据链路稳定可靠,我们还接收到了飞机光电传感器传回的清晰视频。"验证内容还包括 10 次分别从舰船左、右两侧进行的着舰测试,以及模拟正式作战任务进行的 4 h、138 km 飞行。

2012 年 12 月 1 日,美国海军的"火力侦察兵"第四分队返回梅港。在此次"克拉格林"号护卫舰上为期 5 个月的部署中,"火力侦察兵"在总飞行时间、连续飞行时间、飞行架次等方面获得了多项荣誉。在美国非洲司令部责任区域,"火力侦察兵"无人直升机分队为作战指挥官提供了实时情报、侦察和监视(Intelligence Surveillance Reconnaissance,ISR)功能。试验证明,"火力侦察兵"已经能够为舰船提供与多个陆基 ISR 设备相同的信息。"火力侦察兵"一般维持每天 12 h 的飞行时间,而在此次部署中更是创造了连续飞行时间达到 24 h 的单日飞行记录。在完成该里程碑式试验过程中,"火力侦察兵"共进行了 10 次单独飞行、8 次补给,并进行了 20 次起飞和回收。

2013 年 3 月,美国海军与诺斯罗普·格鲁门公司签订了一份总价值超过 7 100 万美元的合同,用于增购 6 架下一代"火力侦察兵"无人直升机——MQ - 8C(见图 1 - 11)。海军依据快速开发工作部署,计划总共采购 30 架该型无人直升机。以贝尔直升机公司 407 型直升机为基础,MQ - 8C"火力侦察兵"的续航能力得到升级,可以为舰船指挥官提供更强的作战半径、续航和载荷能力。新型"火力侦察兵"的制造和装配工作在美国进行,接着由贝尔直升机公司工厂进行机身改造,最终由诺斯罗普·格鲁门公司的无人系统中心完成总装工作。该新型无人直升机主要指标如表1-7所列。

图1-11　MQ-8C"火力侦察兵"无人直升机

表1-7　MQ-8C"火力侦察兵"无人直升机主要指标

技术参数	技术指标	技术参数	技术指标
机长	12.6 m	实用升限	5 181 m
机宽	2.4 m	最大任务载荷(内部)	453 kg
机高	3.3 m	典型任务载荷	272 kg(续航时间11 h)
旋翼直径	10.7 m	最大吊挂载荷	1 202 kg
动力装置	Rolls - Royce 250 - C47B	最大续航时间	14 h
最大飞行速度	259 km/h		

　　2013年9月20日,诺斯罗普·格鲁门公司在美国文图拉郡(县)海军基地进行了美国海军首架MQ-8C"火力侦察兵"无人直升机的最初地面静态测试和发动机试车,启动了飞机的动力系统,为首飞做好了准备。

　　2014年12月16日,MQ-8C在美国海军的DDG109"詹森·杜汉"导弹驱逐舰上完成了22次自主起降飞行。美国海军航空系统司令部的MQ-8C项目主管杰夫·道奇(Jeff Dodge)上校称:"这是MQ-8C的首次海基飞行,也是该型无人直升机首次在一艘驱逐舰上进行起降,MQ-8C上应用的技术使其具有更长的续航时间。"

　　从2002年开始了对MQ-8系列无人直升机的研制,MQ-8C是三型(MQ-8A、MQ-8B和MQ-8C)中尺寸最大的型别,可用于货物补给任务,并且按照目前的计划,MQ-8C最终将搭载在美国海军的濒海战斗舰上。MQ-8A/MQ-8B在阿富汗和利比亚的作战行动中曾经承担了支援保障任务。该机型于2016年MQ-8C开始装备部队执行实际任务。美国海军采购了30架MQ-8C,以支援美国非洲及特种作战司令部,MQ-8C能够携带超过317 kg载荷在277 km范围内执行任务。

1.2.2　国内无人直升机发展概况

　　国内无人直升机的研究起步较晚,较早研制无人直升机的科研单位主要有北京航空航天大学、中国直升机设计研究所、南京航空航天大学和原总参谋部第六十研究所等。

1. 北京航空航天大学

北京航空航天大学研制的"海鸥"共轴式遥控直升机(见图 1-12)是我国自行研制的第一架共轴式无人直升机,其于 1992 年开始方案论证,1993 年通过技术方案评审并开始全面研制生产,1995 年 10 月在遥控状态下首飞成功。中国航空工业集团有限公司等单位于 1995 年 12 月 4 日主持召开了"海鸥"共轴式无人直升机首飞阶段技术评审会。经评审认为:"北京航空航天大学在研制共轴式无人直升机的过程中,发扬了自力更生、艰苦奋斗的精神,充分利用了学校多学科的优势,经过三年的努力,于 1995 年 9 月 29 日首飞成功,填补了我国无人直升机领域的一项空白。"这标志着我国已经攻破了一系列相应的技术难点。

该机首飞成功以后,在飞控系统研制相对滞后的状况下,为了保证无人直升机系统的整体研制进度,对无人直升机平台的多种飞行性能先行测试,并于 1996 年开始研制共轴式单座有人直升机 M16,1997 年 M16 试飞成功(见图 1-13)。试飞结果表明:M16 操控特性良好,实用升限、垂直爬升率、最大飞行速度等性能指标都达到了任务要求。

图 1-12　"海鸥"共轴式遥控直升机

图 1-13　共轴式单座有人直升机 M16

在"海鸥"无人直升机和 M16 共轴式直升机的基础上,北京航空航天大学经过全面技术攻关,成功研制了共轴式无人直升机 M18(见图 1-14),并于 2001 年 10 月实现了全自主海拔 3 000 m 盘旋飞行。2003 年 9 月,M18 实现了 10 km 往返自主飞行。2005 年 6 月,M18 实现了 50 km 往返自主飞行,至此达到了研制任务书规定的全部性能指标。项目的完成标志着北京航空航天大学在无人直升机,特别是共轴式无人直升机的设计技术和工程实施方面达到了国内先进水平。

图 1-14　共轴式无人直升机 M18

经过多年的研究论证与试验研制,北京航空航天大学继续在"海鸥"、M16、M18 等直升机的基础上进行改进设计,于 2010 年成功研制了 M28 共轴式无人直升机(见图 1-15),并成功完成自主起飞、自主航线飞行、自主着陆,实现了全自主飞行。该机为全机整体蒙皮设计,既美化外观,又对机载设备和发动机起到防护作用,增强了无人直升机的环境适应性。另外,M28 有效载荷比 M18 增加约 30 kg,最大起飞质量达到 400 kg,续航时间增加约 1 h。

图 1-15　2010 年飞行测试中的 M28 共轴式无人直升机

M28 无人直升机成为中国军民用市场上具有完全自主知识产权、同量级无人直升机中最成熟、载重量最大的一种国产无人直升机[9]。该无人直升机可以搭载多种侦察装备,可用于战场评估、炮兵校射等方面。该机还可安装测向设备以扩展侦察范围,用于目标定位和跟踪。该机作为中继转发设备的空中平台,可用于执行歼击机超低空突防时的中继通信任务;在复杂地形和多山地区发射导弹时,可作为电子化通信指挥系统的中继转发平台。该机可以改成"舰载型",不仅可以随母舰在海域上空侦察,接收和转发 225 km 以外的敌方信号,还可以进行海上搜索和监视。在民用上,该机可用于航空遥感、森林防火等方面。

北京航空航天大学的共轴式双旋翼无人直升机各系统共完成试验 100 多项,全机系留飞行试验 1 315 次、放飞 240 次、累计飞行时间 288 h,充分证明了共轴式双旋翼无人直升机的可靠性。经过多个型号的研制,北京航空航天大学已经完全掌握了共轴式无人直升机的设计、分析计算、试验和试飞整套方法,为新型号的研制以及无人直升机平台在相关领域的应用打下了良好的基础。

2. 中国直升机设计研究所

中国直升机设计研究所自主研制的 U8 无人直升机(见图 1-16)最大起飞质量为 230 kg,任务载荷为 40 kg,续航时间为 4 h,控制半径为 100 km,最大平飞速度为 150 km/h,巡航速度为 120 km/h,使用升限为 3 000 m。2011 年 7 月,U8 无人直升机首次高原试飞试验获得成功,这标志着该无人直升机高原性能取得了飞跃性进步,有效提升了无人直升机高原作业综合保障能力。这次高原试飞试验为期 15 天,有效飞行 29 架次,试飞时间总长 577 min,试飞试验地点为海拔为 1 060 m 的甘肃天水市、海拔为 1 400 m 的天水武山县、海拔为 2 080 m 的西宁平安县和海拔为 3 060 m 的青海共和机场。试飞试验中按照不同海拔、配重等状态完成发动机起动、地面试验、有地效悬停、无地效悬停等试飞科目,U8 直升机高原试飞获得成功[10]。

图 1-16　U8 无人直升机

2014 年 9 月 12 日,中国直升机设计研究所向交通运输部水运科学研究所交付了一套 U8HS 型无人直升机系统,这标志着我国水上交通安全立体化空中无人监管系统的诞生。该系统能够对水上交通安全立体化应急监管系统的应用开展研究,通过与水上交通管理系统、船舶自动身份识别系统、视频监控(Closed Circuit Television, CCTV)的信息融合,以及与无人艇系统、应急指挥调度系统的协同工作,实现海事监管立体化、信息综合化、反应快速化的研究目标。

3. 南京航空航天大学

2002 年 6 月,南京航空航天大学研制的 LE110 无人驾驶直升机在上海成功首飞。南京航空航天大学采用嵌入式小型计算机、捷联式惯导装置以及小型电动伺服舵机等,成功地研制出了一套使旋翼稳定的四通道自动飞控系统。无人直升机起飞质量为 320 kg,最大平飞速度为 172 km/h,续航时间为 1.75 h,最大遥控半径为 50 km。LE110 无人驾驶直升机改装设计和飞行控制系统设计合理,飞行结果显示其操纵性能良好,飞行姿态保持稳定。

南京航空航天大学研制的"翔鸟"无人直升机选用 Rotax582UL 活塞式发动机,于 1997年研制成功,可实现自主控制与超视距飞行,使用升限为 3 000 m,最大飞行速度达 150 km/h,续航时间约为 4 h,任务载荷为 30 kg。

4.原总参谋部第六十研究所

原总参谋部第六十研究所研制的 Z-3 型(见图 1-17)和 Z-5 型(见图 1-18)无人直升机是性能卓越的空中平台,集遥控、遥测、全球定位系统(GPS)导航、传感、自动控制以及图像传输等多项软、硬件技术于一体,具有自主起飞、自主降落、预设航线自主飞行等功能,系统机动性强、使用便捷、操作简单、安全可靠。该两型无人直升机在配备不同的任务载荷设备时,可以用于监控侦察、边防巡逻、无线中继、电子侦察、航测航拍、环境监控等军事与民用领域。Z-3 型无人直升机最大起飞质量为 120 kg,任务载荷能力为 25 kg,续航时间约为3.8 h。Z-5 型无人直升机最大起飞质量为 450 kg,任务载荷能力为 60～100 kg,续航时间为4～6 h。

图 1-17　Z-3 型无人直升机　　　　　　　　图 1-18　Z-5 型无人直升机

此外,近年来清华大学、上海交通大学和一些民营通用航空公司等也开展了一些小型无人直升机的研制工作。

1.3　无人直升机系统架构与设计

1.3.1　无人直升机系统架构

从技术角度来说,一套无人直升机系统是由包括直升机在内的多个单元或子系统组成的。无人直升机系统从区域上可分成机载与地面/舰载两大部分。除直升机飞行平台(包含旋翼系统/尾桨、机体、操纵系统、动力装置等)以外,机载部分还有机载飞行控制与导航计算机、传感器系统(如定位与导航设备、垂直陀螺、速率陀螺、磁航向传感器、无线电高度计、大气数据计算机等)、任务载荷和无线数据链路机载端等。地面/舰载部分包括无线数据链路地面/舰载端、任务规划与控制站、任务载荷监控设备等,用于直升机飞行状态与参数的综合显示、实时视景显示,以及无人直升机的操纵与控制、任务载荷的监测与控制。机载与地面/舰载之间的通信,采用无线数据链路。

从机载与地面/舰载两大部分所包含的子系统功能上进行区分,一套典型的无人直升机系统主要由无人直升机飞行平台、飞行控制与导航系统、任务载荷、无线数据通信链路、一套或多套地面/舰载任务规划与控制站、地面支持系统、远程数据终端以及地面维护设备等组成。从更广泛的角度来说,它还应包括与空域其他成员交互的设备等。系统架构如图 1-19 所示。

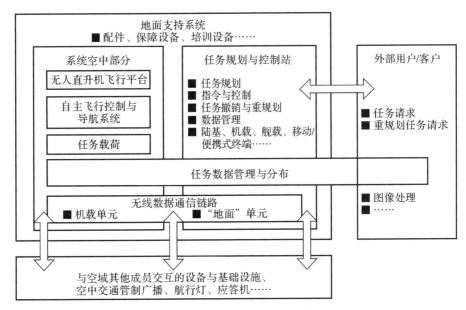

图 1-19　无人直升机系统架构

以目前最为成熟的无人直升机系统为例,一套"火力侦察兵"无人直升机系统主要由 3 架改进后的施韦策 330SP 无人机平台、3 个由以色列飞机工业公司提供的光电/红外传感器和激光指示器/测距仪、2 个由雷神公司研制的地面控制站、1 个由内华达山脉公司提供的无人机通用自动回收系统以及任务载荷、无线数据链路设备、远程数据终端和地面维护设备等组成[8]。

1. 无人直升机飞行平台

无人直升机飞行平台是无人直升机系统的空中部分,包括直升机机体、旋翼系统、操纵系统、传动系统、动力装置、尾桨、尾翼、起落架和供电系统等。其主要功能是装载任务载荷到达工作地点,同时搭载无人直升机飞行所需的子系统,它们包括自主飞行控制与导航系统、燃油、应答机、任务载荷挂架以及无线数据通信链路(机载单元)等。自主飞行控制与导航系统、任务载荷虽然都是机载的,但它们却被认为是独立的子系统,能够在不同型号的无人直升机之间通用,并且经过特殊设计,能够完成各种不同的任务。

无人直升机结构设计需要考虑的主要因素是航程、续航时间、最大飞行速度、升限等,这些性能指标是根据任务需求提出的。航程和续航时间将决定需要携带的燃油量。采用直升机空气动力学和结构动力学等学科对动力系统进行综合设计与优化,可以最大限度地使无人直升机达到高性能与低油耗。

最大飞行速度的要求决定了无人直升机所要选取的构型。对于常规的侦察、中继转发平台,一般单旋翼带尾桨、共轴双旋翼等构型都能胜任。若需要较高的飞行速度,可以选用倾转旋翼构型的无人直升机。

在很多民用领域都要求无人直升机以低于 70 km/h 的飞行速度执行任务。多数应用要求无人直升机悬停在指定位置,以更好地完成任务,如输电线路的智能巡检、警察和消防人员对突发事件区域上空的实时监控等。一些军事应用领域要求无人直升机做悬停或低速飞行,如陆军核生化监测、激光目标指示、海军假目标和空军基地安全防护等。对于这些飞行速度要求不高或者飞行速度不超过 210 km/h 的应用领域,由于直升机可以实现高效的悬停和低速飞行性能,且对扰流最不敏感,所以常规构型的无人直升机就能很好地满足需要。

2. 飞行控制与导航系统

由于机上无人,需要设计一套自主飞行控制与导航系统(简称飞控)来实现无人直升机的自主飞行。对于全自主飞行模式,无人直升机上搭载有足够数量的导航设备,所以无须进行地面控制站与无人直升机之间的任何通信,无人直升机就能按照规划的任务来完成指定的飞行科目。

为了减轻操控强度,即使不全自主飞行,飞控与导航系统的自主化程度也应尽可能地提高。例如,在执行某些任务的过程中,需要控制站中的工作人员转为遥控来操纵无人直升机,但这一般不是纯手动控制无人直升机,而是采用速度控制方式,通过机载飞控计算机的解算给出控制量,使地面操纵人员能比较轻松、方便地完成无人直升机的操作与控制,从而能把更多的精力投入到工作任务本身。

3. 任务规划与地面控制站

任务规划与控制站是无人直升机系统的指挥与调度中心,无人直升机上传输过来的遥测数据、指令以及图像等都要在此进行处理与显示。通常数据会通过地面终端进行中转,地面终端是无线数据通信链路的地面单元。任务规划与控制站由地面数据终端、遥测数据显示设备、任务规划与控制设备、任务载荷数据显示设备、计算机与信号处理器、通信设备、环境控制及生存能力保护设备等组成。

对于军用无人直升机系统,任务规划与地面控制站是作战指挥员的指挥场所,该场所配备可供无人直升机操作员、任务载荷操作员和作战指挥员使用的显示台和控制台。地面控制站由发电机供电,应准备一台备用发电机。地面数据终端包括跟踪天线、发射机、接收机和其他电子设备,所有跟踪装置作为一个整体安装在一起。地面数据终端通过下行链路接收无人直升机的飞行状态信息和任务载荷传感器数据等,并通过上行链路向无人直升机发送飞行器控制指令和任务载荷控制指令。地面数据终端与机载数据终端之间应当尽量保持通视。

4. 无线数据通信链路

无线数据通信链路对任何一套无人直升机系统来说都是一个关键的子系统,它是指无人直升机遥控指令和遥测信息等数据流产生、传输和处理所经过的一套链路系统,主要包括机载/地面数据终端、发射设备、接收设备、显示设备以及天线等。根据传输方向的不同,无线数据通信链路可以分为上行链路和下行链路。其中,上行链路主要完成地面控制站和遥控器至无人直升机遥控指令的发送和接收确认,下行链路主要完成无人直升机至地面控制站的遥测数据以及红外或视频图像数据的发送。

地面数据终端通常包括一个微波电子系统及天线,给任务规划控制站和无人直升机提供通视状态下的通信,有时也通过卫星提供。它可以与任务规划控制站舱部署在一起,或保持一定距离(由于其发射特点,有可能导致火灾)。在保持一定距离的情况下,它们之间通常采用硬电缆(通常是光纤电缆)连接在一起。地面数据终端可以发送无人直升机控制指令或任务载荷命令,并接收无人直升机的飞行状态信息,如位置、高度、速度和航向,以及任务载荷传感器数据(如图像视频、目标距离、方位线等)。

机载数据终端是无线数据通信链路的机载单元,不仅包括发射机与机载天线(用于发送无人直升机飞行数据与任务载荷的图像数据等),还包括接收器(用于接收地面指令)。

5. 任务载荷

任务载荷是指能够完成特定任务的设备,它是一个不直接影响无人直升机飞行的组成部分。也就是说,没有任务载荷,无人直升机也能正常飞行。在某些军事应用领域,任务载荷通常是无人直升机最昂贵的子系统,如光电红外吊舱、合成孔径雷达等。从本质上说,装载任务载荷工作才是无人直升机系统得以应用的主要原因,没有任务载荷,无人直升机系统就失去了其存在的价值。

6. 地面支持系统

地面支持系统包括保障设备、运输设备、配件以及培训设备等。无人直升机系统既是一种高精尖的电子系统,也是一个复杂的机械系统。对于这么一个庞大、复杂的系统,起保障与维护作用的地面支持系统已变得越来越重要。即使地面支持系统的一个细节考虑不周,都有可能导致整个系统瘫痪,甚至出现坠机事故。

由于无人直升机系统是一种特定系统,其保障设备经常被忽视。保障设备主要包括使用与维修手册、工具、备件、测试设备和电源等。

另外,无人直升机系统经常需要地面机动,运输方法要适应所有子系统运输的需要。因为没有发射、回收和吊装设备,所以一般小型无人直升机系统只需要一辆车运输,操控人员一般只需两名。无人直升机不飞行时需要拆开存放,使用时再组装在一起。即使在固定基地使用的无人直升机系统,一般也需要特种运输设备。

7. 与空域其他成员交互的设备与基础设施

在广大的空域范围内,有很多的飞行成员,包括无人机(含无人直升机)和有人直升机,其中有军用的也有民用的。无人直升机要在空域中安全、自由地飞行,就要充分利用基于有人机建立的一些空域协同基础设施,遵守空中交通管制规则。

在管制空域,无人直升机需要安装应答系统,这样空管人员就可以监视其飞行过程,其他飞行器也可以知道该无人直升机的位置和类型。例如,澳大利亚小水獭航空公司开发的T2000UAV-S应答系统就比较适合无人直升机[9],它专为无人机开发,质量为500 g,其质量、功耗等可以被无人直升机这类起飞质量较低的飞行器所接受。

8. 外部用户/用户接口

无人直升机系统之所以能够存在,是因为它能够完成特定的任务,这些任务并不是孤立的,而是来自于外部用户或其他部门,在执行任务的过程中,需要把任务的完成情况与结果及时地反馈给他们。典型的例子就是战场的监视任务。无人直升机可能由旅级部队操控,对特定区域进行侦察,但是任务却可能来自集团军一级的部门,所以需要将获得的情报信息通过军用信息网络传送给集团军或其他用户。

军事信息网络中包含不同作战单元发送或要求的各种信息,如陆基、海基、空基以及卫星,甚至包括其他无人机的信息,整个系统变成了"系统中的系统",这种作战体系被称为"网络中心战"。它不仅包括各种类型的无人直升机系统,还包括其他作战单元,如军舰、地面机动作战单元、有人直升机等,它们可提供作战现场信息或执行攻击任务等。

1.3.2 无人直升机系统设计

对于无人直升机系统的设计而言,每一个子系统的设计都应该视为整个系统的一个必要组成部分,没有哪一个部分会比其他部分更重要。在无人直升机发展的早期,某些机型在研发设计的初期就没能对无人直升机执行任务的需求给予充分的考虑,如无人直升机起飞/着陆/着舰、无线数据通信、任务载荷安装、系统维护与运输以及在整个空中交通环境里安全飞行并顺利执行任务等,以致后续形成的整套系统在应用过程中频频出现问题甚至最终失败,或者至少需要牺牲系统的整体性能来进行妥协。人们为此付出过沉重的代价,所以系统设计师应时时警醒,引以为戒。

对于无人直升机系统的设计与开发,最主要的技术挑战是针对任务需求,协调各子系统承研单位充分发挥各自的优势,对各子系统进行合理的设计,继而进行有效的集成与综合,最终形成一套功能全面、稳定可靠、方便易用的完整系统。例如美国诺斯罗普·格鲁门公司的"全球鹰"项目,在设计、研制与试验的项目阶段,由于瑞安航空中心的主要优势是在飞行器系统上,而在关键软件与系统综合领域缺乏足够的能力,所以没能尽早确认一些新的重要软件的开发要求,低估了技术风险,影响了项目执行。政府虽然知道瑞安航空中心在资源选择领域能力较弱,但是认为其在飞行器设计和开发上具有较强的能力,所以还是与他们签订了合同。随着设计和开发工作的开展,人们越来越清晰地认识到关键的技术挑战在于系统综合,而不是开始预期的飞行器设计。即使政府指出项目风险和承包商能力之间存在差距,瑞安航空中心管理层还是拒绝承认这个问题,并且由于合同结构,政府完全没有追索权。值得庆幸的是,在该阶段开始约一年后,瑞安航空中心对管理进行了改革,使资源得以恰当应用,对系统综合与软件开发的问题也进行了充分处理,最终使项目得以顺利进行。

"全球鹰"项目[10]是一个成功的大型侦察无人机系统应用项目。它的系统综合由诺斯罗普·格鲁门公司负责,并从机身、航空电子、动力系统、环控系统、各种传感器以及任务控制单元等领域调用了约30家合作单位(见图1-20)一起参与研发,充分发挥了各自的专业优势,最终形成了一套实用的无人机系统。采用渐进式采办的策略与螺旋式开发的方式进行"全球鹰"研制,以一边小批量生产一边同时研发的螺旋式开发方法生产"全球鹰"飞机,这种成功的研制与应用模式也可供大型无人直升机系统的开发项目借鉴。

渐进式采办是美国先期概念技术验证项目不可分割的一部分。大多数先期概念技术验证项目都采用这种渐进式的采办方式,它是与美国传统的一步到位采办方式相对的概念。美国国防部将渐进式采办定义为:"基于经相关环境验证的技术、阶段性的需求和经验证的制造或软件配置能力,在较短时间内定义、开发、生产(或购买)和部署首批软硬件(或模块),提供 60%～80% 的最终作战能力。后续批次产品采用成熟的新技术,不断改进武器系统,陆续提升作战能力。"

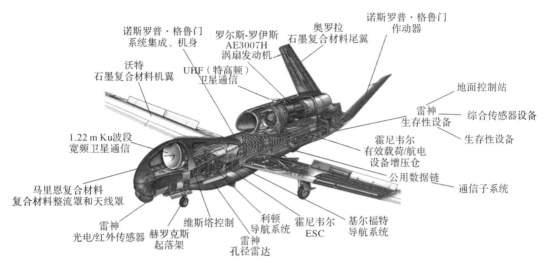

图 1-20 "全球鹰"项目主要承包商团队
注:ESC 为电子稳定控制系统。

渐进式采办模式包括一个初始的可供使用的核心功能模块(最简功能系统)和后续的功能增值模块。初始功能模块是完全可保障、可改进的系统,并能满足用户定义的初始功能需要,该初始功能不依赖于后续增值模块就可运行。每个后续增值模块都是一套明晰的计划活动,这些活动使得用户要求的作战能力得到最终提交(注意每个增值模块应该满足特定用户的需要并被系统完全支持)。近期的增值模块相对清楚,但远期的模块则可能完全不被了解。初始模块之外的增值可以采用新开发和提交的技术能力来实现,它为系统采办过程嵌入新技术提供了更多的机会。这种方式不但能有效降低采办成本或加速新功能的试验,而且能基于用户反馈、测试和试验来不断提高系统能力。

渐进式采办的主要特征如下:

(1)增值方式。项目被分解成许多阶段和增值模块,然后通过逐步增加的方式研制并获取下一个增值模块,包括从规格说明到设计,再到测试、投入运行以及维护,每个增值模块都能使系统整体能力进一步增强。

(2)基本明确的整体功能。在设计和研制之前要基本明确系统整体的主要功能需求,但允许在项目开发过程中,功能需求有限地延伸到事先达成的界限之外。

(3)初始系统需求说明。在项目初始时有一个对最简功能系统以及某些优先需要的增值模块功能的详细需求说明,其他需求将在项目进行过程中逐步提炼出来。

(4)灵活的框架结构。系统应该能兼容每个新发布的功能,这包括对那些需求尚未明确的模块的支持。因此,系统结构必须灵活、可升级、可扩展和可维护。

(5)用户参与。用户在研制过程中要积极参与,并对功能需求进行不断的评审,特别是用户通过实际操作环境下对系统早期提交功能的使用和审查,能大大提高采办活动的有效性。

(6)多重合同。第一阶段的合同通常以最简功能系统以及一些能被明确规定的附加增值模块为合同标的。之后的功能模块内容与价格将在每个新阶段的开始经过谈判确定,并达成新的合同。虽然后续阶段的采办往往依靠同一供应商,但却并不能完全保证供应商不变。

渐进式采办项目分为多个批次实施,初始批次提供初始核心能力,后续各批次陆续增强其他能力。其突出特征是它对每个系统增值的说明、设计、实施、测试、提交、操作以及维护。每个增值的发布都能改进系统能力直至达到完全能力。用户能在早期就接触到已经发布的系统,并对系统的表现能力提供及时的反馈,这些反馈有利于系统演进中对功能需求的适当修改。如果这种反馈方式遵守一定的纪律规则,则最终将可得到比初始总体设计能力更强的相关武器系统。

"火力侦察兵"的系统综合由美国诺斯罗普·格鲁门公司负责,涉及的承包商团队主要包括 Cubic Corporation(提供通信链路)、FLIRSystems(提供 BRITEStar11/StarSAFIREI11 光电任务载荷)、Telephonics(提供 RDR – 1700B 海军用雷达)、BAESystems(提供 COBRA 水雷探测器)、General Electric Fanuc Intelligent Platforms(提供飞行器管理计算机)、Kearfott(提供制导与导航系统)、LockheedMartin(提供舰艇集成)、Raytheon Company(提供战术控制系统)、Rockwell Collins – Avionics Rolls – Royce(提供动力系统)、Sierra Nevada Corporation(提供无人飞行器通用自动回收系统)以及 Schweizer Aircraft Corporation(即 Sikorsky Military Completions Center,提供机身设计)。最后通过诺斯罗普·格鲁门公司的系统集成与优化,以及各承研单位专业技术优势的充分发挥,形成了一套相对成熟的无人直升机系统。

在无人直升机系统设计与开发项目的初期,可以针对基本任务需求,首先形成一套基于模块化设计、系统架构灵活、可升级、可扩展、方便维护的最简核心功能系统,实现一些前期能够确定的基本任务功能模块,然后再根据逐步明确的其他任务需求来添加相应的增值功能模块。一套无人直升机系统的最简功能系统至少应该包括无人直升机飞行平台、飞行控制与导航系统、任务规划与地面控制站、无线数据通信链路与任务载荷 5 大部分。本书后续章节将从这 5 个方面分别展开,探讨无人直升机系统的设计及其各子系统的设计与选型,以及系统的综合与集成。

在飞机飞行过程中,外界作用在飞机上的载荷主要有阻力 X、升力 Y、发动机推力 T 以及飞机重力 G。飞机在起飞、着陆及在地面运动时,除承受飞机重力 G 外,还承受地面作用在前、主起落架上的地面支反力 P_n,P_m 和摩擦力 P_f(见图 2-1)。

(a)　　　　　　　　　　　　(b)

图 2-1　飞机的基本载荷

(a)空中飞行情况;(b)地面运动情况

通常,将质量乘以加速度的负值称为惯性力,即惯性力在数值上等于质量乘以加速度,方向与加速度方向相反。在图 2-1 中加上惯性力 N_x,N_y,是具有加速度飞机的动平衡表达形式。在本章图中,惯性力一律加括号表示,以示与飞机上真实载荷的区别。

飞机重力 $G(mg)$ 和惯性力 $N(ma)$ 均与飞机本身质量 m 有关,故统称为质量力。

飞机在空中飞行时的受载情况可简化成图 2-1(a)。此时飞机既有平移运动,还可能有旋转运动,由牛顿第二定理可知

$$T - X = ma \tag{2-1}$$

$$Y_m - Y_t - G = ma \tag{2-2}$$

$$-Y_m c + Y_t(d + c) = I_z a_z \tag{2-3}$$

式中:Y_m 为机翼升力;Y_t 为尾翼升力;a_x,a_y 为 x,y 方向的加速度;I_z 为飞机绕 z 轴的质量惯性矩;a_z 为飞机绕 z 轴的角加速度。

这里的坐标轴方向是按右手直角机体坐标系规定的,即:原点 O 位于飞机重心;纵轴 Ox 平行于机身轴线,指向前;竖轴 Oy 位于飞机对称平面内,垂直于 Ox 轴,指向上(当飞机处于正常平飞姿态时);横轴 Oz 垂直于飞机对称平面,由右手系规定。

在把飞机简化成一个质点研究飞机运动规律时,可将飞机的各种外载移至重心(即坐标

原点）处进行分析[11]，至于角加速度的影响，将在后面加以讨论。

飞机在使用过程中究竟受哪些力？下面选取几种典型情况进行讨论。

2.1.1 等速直线平飞时的受载情况

飞机作水平等速直线飞行时，它所受的力有阻力 X、升力 Y、发动机推力 T 和重力 G（见图 2-2）。此时

$$Y=G, \quad T=X \tag{2-4}$$

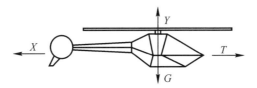

图 2-2　直升机平直飞行时的受载情况

在这种飞行情况下，飞机处于静平衡状态，因此飞机无任何方向的加速度。人坐在飞机里，如不看窗外景物的相对运动，就感觉不出在飞行。这种情况的外载特点是：作用在飞机上的升力等于飞机的重力（$Y/G=1$），推力等于阻力（$T=X$）。飞机上的各种装载、设备作用在它们连接接头处的力与飞机静止时的情况相同。

2.1.2 俯冲后拉起时的受载情况

俯冲后拉起是一种常见的飞机在垂直平面内作曲线机动飞行的情况（见图 2-3）。此时，作用在飞机上的外载荷有 Y,T,X,G。此外，由于有曲线运动的向心加速度作用，产生了离心惯性力。

设飞机的飞行速度为 v，航迹的曲率半径为 r，则法向（y 向）加速度为

$$a_y = \frac{v^2}{r} \tag{2-5}$$

离心惯性力为

$$N_y = -ma_y = -\frac{G}{g}\frac{v^2}{r} \tag{2-6}$$

将这些力投影到机体的 y 坐标方向，可得到如下方程式：

$$Y - G\cos\theta = \frac{G}{g}\frac{v^2}{r} \tag{2-7}$$

于是，有

$$\frac{Y}{G} = \frac{v^2}{gr} + \cos\theta \tag{2-8}$$

当飞机在弧形航迹的最低点时，有

$$\frac{Y}{G} = 1 + \frac{v^2}{gr} \tag{2-9}$$

由此可见，在俯冲后拉起过程中，飞机所需的升力不等于重力，而是等于重力乘以一个

系数[12]，这个系数就是该升力与重力之比（它与飞机的飞行状态参数有关），称之为载荷系数（即过载系数，或简称过载）。飞行中，升力经常在变化着，在俯冲拉起时，升力可能大大超过飞机的重力。飞机的机动动作越剧烈，升力超过重力的必定越多，飞机受力也越严重。

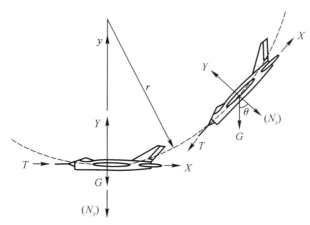

图 2 - 3　俯冲后拉起时的受载动平衡情况

2.2　典型飞行情况和机动过载

2.2.1　平直飞行情况

飞机处于水平直线等速飞行的运动状态时，飞机处于静平衡状态，飞机无任何方向的加速度，此时外载荷特点是升力等于重力，推力等于阻力，即

$$L = G = mg \tag{2-10}$$

式中：L 为升力；G 为重力；m 为飞机质量；g 为重力加速度。

$$F = D \tag{2-11}$$

式中：F 为推力；D 为阻力。

过载系数为

$$n_x = 1$$

2.2.2　俯冲拉起的情况

飞机在垂直水平面内作曲线机动飞行情况是军用飞机的主要机动飞行情况。俯冲拉起是较严重的机动飞行情况之一。此时，作用在飞机上的外载荷有 F、D、L、G 和离心惯性力 N_y。设飞机的飞行速度为 v，航迹的曲率半径为 R，则法向（Q_y 向）加速度为

$$a_y = \frac{v^2}{R} \tag{2-12}$$

离心惯性力为

$$N_y = -ma_y = -\frac{G}{g}\frac{v^2}{r} \tag{2-13}$$

将这些力投影到升力的方向,得到动平衡方程式:

$$L = G\cos\theta + \frac{G}{g}\frac{v^2}{R}\left(\cos\theta + \frac{v^2}{gR}\right) \qquad (2-14)$$

用过载系数表示 L/G,则有

$$n_y = \frac{L}{G} = \cos\theta + \frac{v^2}{gR} \qquad (2-15)$$

当作曲线飞行时,飞机所需的升力是重力 G 的 7 倍。当飞机处在弧形航迹最低点,即 $\theta = 0$ 时,其过载系数最大,为

$$n_{y\max} = 1 + \frac{v^2}{gR} \qquad (2-16)$$

由此可知,飞机在垂直平面内作曲线飞行时,升力经常变化,过载系数也不断变化,飞机的机动动作越剧烈,所需的升力就越大,过载系数值 n_y 也较大[13]。

2.2.3　进入俯冲情况

图 2-4 表示飞机进入俯冲情况,飞机在此情况下 y 方向的平衡方程为

$$L = G\cos\theta - \frac{G}{g}\frac{v^2}{R} \qquad (2-17)$$

$$n_y = \frac{L}{G} = \cos\theta - \frac{v^2}{gR} \qquad (2-18)$$

进入俯冲时的情况不同,即当 v 和 R 为不同情况时,n_y 可能为正,也可能为负,或者为零。

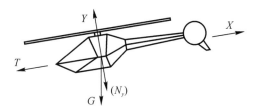

图 2-4　直升机的冲时受力情况

2.2.4　垂直俯冲情况

飞机垂直俯冲时作用在飞机上的外力为

$$\left.\begin{array}{l} L = 0 \\ n_y = 0 \end{array}\right\} \qquad (2-19)$$

z 方向可能存在过载:

$$n_x = \frac{F - D}{G} = \frac{N_x - G}{G} \qquad (2-20)$$

若飞机在发动机推力 F 为零的情况下进行垂直俯冲,略去空气阻力 D,飞机相当于处于自由坠落的失重情况。

2.2.5　等速水平盘旋情况

飞机在水平面内作曲线飞行,一般靠飞机倾斜角 γ,由升力 L 的水平分量 $L\sin\gamma$ 使轨迹改变[14]。在无侧滑($C=0$)、高度不变,以恒定速度($F=D$)等速水平盘旋时,垂向加速度等于零。从垂向平衡条件得到

$$n_y = \frac{1}{\cos\gamma} \tag{2-21}$$

盘旋时的离心力与升力的分量平衡。设 R_h 为盘旋半径,由此可得到

$$R_h = \frac{v^2}{g\sqrt{n_y^2-1}} \tag{2-22}$$

当 v 为常数时,盘旋的过载越大,R_h 值越小,转弯角速度值也就越高,即飞机的机动性越高。盘旋时水平方向的过载为

$$n_b = n_y\sin\gamma = \frac{L\sin\gamma}{G} \tag{2-23}$$

等速水平盘旋是飞机主要机动飞行情况之一。当飞机飞行速度增加时,如作小半径盘旋,则需要用大迎角飞行以产生大的升力,或者使用大的倾斜角,以使升力的水平分量 $L\sin\gamma$ 与盘旋所产生的离心惯性力处于平衡状态,此时将产生相当大的过载。同时,升力增加会引起阻力增加,故需要增大推力。

2.3　载荷系数(过载系数)

2.3.1　载荷系数的定义

通过俯冲后拉起飞行姿态的简单情况,我们可以给载荷系数一个恰当的定义,即除重力外,作用在飞机上的某方向上所有外力的合力与当时飞机重力的比值,叫作载荷系数[15]。从上面对于载荷系数的定义可以看出,载荷系数是一个矢量,用符号 $\boldsymbol{n}$ 表示。它在机体坐标轴系三个主轴方向的分量为 n_x,n_y,n_z(见图 2-5)。除重力以外的总外力在 y 方向上的分量(可近似认为就是升力 Y)与飞机重力 G 之比就是 y 向的载荷系数 n_y,它可能为正,也可能为负,这取决于该外力的方向。当升力 Y 与 y 轴正方向一致时取正,反之取负。

例如,在平直飞行情况下,只要求飞机的升力与重力相等,即 $Y=G$,此时 $n=Y/G=1$。若飞机作等速平直倒飞,则 $n_y=1$(因此升力方向与 y 的正方向相同)。但在曲线飞行时,如俯冲拉起情况下,升力大于飞机重力的径向分力 $G\cos\theta$,这两个力之差使飞机产生向心加速度,飞行轨迹便向上弯曲。此时 $n_y=Y/G=\cos\theta+v^2/gr$,当以大速度、小半径猛烈拉起时,将会产生很大的正 n_y。n_y 越大,表示升力比飞机重力大得越多,飞机受力越严重。

当然,在飞机的 x 方向上,也会出现与切线加速度相关的惯性力 N_x,即

$$a_x = \frac{dv}{dt}, \quad N_x = -ma_x = -\frac{G}{g}\frac{dv}{dt} \tag{2-24}$$

按照定义,在俯冲、拉起等各种飞行情况下,x 方向的载荷系数应为:除去重力外的 x 方

向的所有外力(沿 x 方向分量)与重力之比,即

$$n_x = (T - X)/G \qquad (2-25)$$

$$T + G\sin\theta - X = ma_x \qquad (2-26)$$

$$n_x = \frac{1}{g}a_x - \sin\theta \qquad (2-27)$$

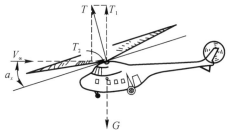

图 2 - 5   载荷系数在机体坐标系下的分量

由于 n_x 一般较小(对应俯冲拉起飞行中又有加力的情况),而飞机结构在 x 方向的强度、刚度较好,故除特殊情况(如着陆刹车、前方撞击等)外,常不予考虑。平直等速飞行时,$T = X$,$n_x = 0$。另外,z 向的过载一般也较小,因而我们重点讨论 y 向过载。

2.3.2   载荷系数的物理意义

载荷系数表示了实际作用于飞机重心处(坐标原点)除重力外的外力与飞机重力的关系[16]。它是用比值的概念来表示的,是一个相对值。就 y 方向而言,n_y 表示飞机升力是重力 G(也即是平直飞行时的升力)的多少倍,即

$$\frac{Y}{G} = n \qquad (2-28)$$

另外,载荷系数又表示了飞机质量力与重力的比率。就 y 方向来说,y 向实际的质量力是飞机重力 G(即等速平飞时的质量力)的多少倍,这个倍数即为 n_y,即

$$\frac{G\cos\theta + N}{G} = n_y \qquad (2-29)$$

需要注意的是,在动平衡体系中,飞机的总质量力与除重力外的外力是大小相等、方向相反的平衡力系。因此,也可用质量力来计算载荷系数,但如果以质量力来决定过载方向,就应该是与飞机坐标轴正方向相反的方向为正,反之为负。

2.3.3   载荷系数的实用意义

由上述分析可以看出,飞机的载荷系数是飞机设计时重要的原始参数之一,它具有两方面的实际意义。

(1)载荷系数确定了,则作用于飞机上的载荷大小也就确定了。如果我们知道了飞机重心处的载荷系数,那么结合对应载荷系数的其他飞行参数(如速度、高度、重力、气动力分布等)就能求得飞机结构各部分所受的实际载荷大小及其作用方向。这样就能对飞机结构的强度、刚度等指标进行设计、校验。在进行结构设计时要保证飞机能承受由 n 所确定的载

荷[17]。在使用时,不能超过所规定的 n 值,否则飞机就不安全。

(2)载荷系数还可以表明飞机机动性的好坏。载荷系数也是各种飞行姿态受载情况与平直飞行情况相比较的相对值。通过载荷系数可以了解到飞机的机动性能,所以,载荷系数又是评价飞机机动性能的重要指标。现代战斗机特别强调机动性能,要求有较大的飞机载荷系数,一般 $n_{\max}$ 约等于 8。设计时,如果可以正确选取载荷系数的极限值,则既能使飞机满足战术技术需求,又可以使飞机满足结构的重量要求。

载荷系数可用过载表和过载曲线(见图 2-6)等测定。在平直飞行时,无加速度,则载荷系数 $n_y = 1$。此时,过载表内的弹簧与重块的重力平衡,表的指针静止地指着"1"。当机动飞行出现加速度 a_y 时,表内弹簧由重块本身质量力增大而伸长,并带动指针指出 n_y 的大小。当载荷系数为负时,重块的质量力反向,弹簧受压缩短,带动指针反向转动指出负载荷系数值。重块浸于油液中以增加阻尼,减小振动,并使指针稳定[18]。

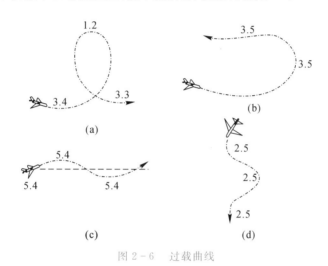

图 2-6　过载曲线

如需测飞机某处的载荷系数,就将过载表装在该处;如果测全机的载荷系数,就将表装在飞机的重心处。此外,还可用自动记录装置把整个飞行运动过程的载荷系数变化情况记录下来,绘成曲线,以作为飞机设计、研究、改进的依据。

2.3.4　其他飞行姿态的载荷系数计算

1. 进入俯冲情况

飞机在此情况[见图 2-7(a)]下,有

$$Y = G\cos\theta - \frac{G}{g}\frac{v^2}{r} \tag{2-30}$$

$$n_y = \frac{Y}{G} = \cos\theta - \frac{v^2}{gr} \tag{2-31}$$

视 v 与 r 的不同情况,n_y 可能为正,也可能为负,还可能为零。

2. 垂直俯冲情况

飞机在此情况[见图 2-7(b)]下,有

$$Y = 0, \quad n_y = 0 \qquad (2-32)$$

但须注意,此时可能有 x 方向的载荷系数:

$$n_x = \frac{T-x}{G} = \frac{N_x - G}{G} \qquad (2-33)$$

若飞机在发动机推力为零的状态下进行垂直俯冲,并且略去空气阻力($X=0$),此时,$n_x=0$,即飞机在垂直向下的 x 方向上的重力与惯性力大小相等、方向相反,机内各装载物均没有垂直方向(x 方向)的力作用于结构上,这意味着自由坠落失重的情况。

3. 等速水平盘旋情况

这是飞机机动性能的主要指标之一,此时有

$$Y_1 = G, \quad Y = \frac{G}{\cos\beta}, \quad n_y = \frac{Y}{G} = \frac{1}{\cos\beta} \qquad (2-34)$$

盘旋倾斜角 β 越大,n_y 越大。当大坡度盘旋 $\beta = 75° \sim 80°$ 时,$n_y = 4 \sim 6$。

在水平方向上,向心力 Y_2 与离心惯性力 N_h 平衡。当 $\beta = 75° \sim 80°$ 时,$n_h = 3.7 \sim 5.7$。

当飞行速度增大时,如果仍然须要作小半径盘旋,则需要采用大迎角飞行以产生大的升力;同时,需要增大推力以克服升力增大所引起的阻力增大;此外,还需要大的倾斜角,以产生作此盘旋时所需的升力的水平分量(向心力)。很明显,此时将产生相当大的载荷系数。

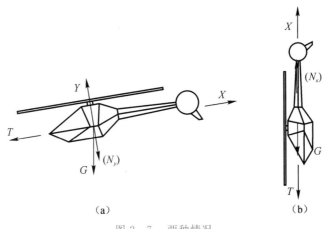

(a)　　　　　　　　　(b)

图 2-7　两种情况

(a) 进入俯冲情况;(b) 垂直俯冲情况

4. 垂直突风情况(见图 2-8)

垂直突风是各种方向突风中最严重的情况。此时机翼上的升力增量为

$$\Delta Y = K \Delta C_y S q \qquad (2-35)$$

因为
$$\Delta C_y = C_y^a \Delta \alpha, \quad \Delta \alpha = \frac{u}{v_0}, \quad q = \frac{1}{2} \rho_H v_0^2$$

所以
$$\Delta Y = K C_y^a \frac{u}{y} S \frac{1}{2} \rho_H v_0^2 = K C_y^a \frac{\rho_H u v_0}{2} S$$

于是
$$n_y = \frac{Y_0 \pm \Delta Y}{G} = 1 \pm K C_y^a \frac{\rho_H u v_0}{2p}$$

式中:ΔC_y 为升力系数增量;$\Delta\alpha$ 为迎角增量;u 为垂直突风速度;v_0 为飞机原平飞速度;ρ_H 为飞行高度 H 上的空气密度;Y_0 为飞机原平飞升力;C 为升力线斜率;$p=\dfrac{G}{S}$ 为翼载荷;K 为垂直突风衰减系数,垂直突风来得愈突然(扰动气流影响区 L 愈小),v_0 越大,K 值就愈接近于 1。

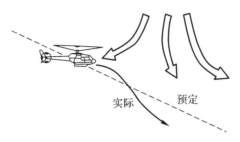

图 2 - 8   垂直突风情况

在暴风雨中飞行时,u 可以达到 40 m/s,此时会产生较大的载荷系数。此外,突风载荷还会引起飞机的动态波动,即附加振动过载。特别地,当周期性突风作用时,还将引起附加的波动载荷疲劳。还应注意,突风未必都垂直于附加的平飞速度,对于非垂直作用的突风,平行于飞行方向的突风分量 u_x 将与速度 v_0 叠加,用 $u=u_y$,$v_0=v_0+u_x$ 代换即可。

不作特技飞行的运输机等,机动载荷系数不大,突风载荷系数一般是其危险情况。波音 - 707 客机在气动布局和结构设计上采取措施,选择了适当的机翼刚度参数,使其大展弦比的后掠机翼具有良好的柔性,从而为机翼提供了较好的突风缓和特性,即 K 值较小,降低了突风引起的动载荷应力。这样就使飞机在同样的条件下能以较高的速度通过强突风区,或在速度相同的条件下通过突风区而 n_y 减小,提高飞行安全性和乘客舒适感[19]。

2.3.5 考虑飞机转动时的载荷系数

1. 飞机转动时的载荷系数

飞机在空中飞行过程中通常既有平移运动,又有旋转运动。在直线飞行过程中,平尾上只产生平衡载荷,此时整个飞机无旋转[20],前面讨论的就是这种情况。当平尾产生使飞机作机动飞行的载荷时,此载荷将会产生使飞机绕重心旋转的力矩,并与旋转而产生的惯性力矩相平衡,这个机动载荷又会使飞机产生 y 向加速度。因此在机动飞行时,飞机的 y 向载荷系数为

$$n_y=\frac{Y}{G}=\frac{Y_w}{G}\pm\frac{Y_{te}}{G}\pm\frac{Y_{tm}}{G} \tag{2 - 36}$$

式中:Y_w 为机翼的升力;Y_{te} 为平尾的平衡载荷;Y_{tm} 为平尾的机动载荷。

这种载荷系数在飞机各处均相同。

飞机绕重心旋转的载荷系数为

$$n_{yr}=\frac{N_{iy}}{G_i}=\frac{m_ia_i}{G_i}=\frac{m_ia_zx_i}{G_i}=-\frac{1}{g}\frac{Y_{tm}L_a}{I_z}x_i \tag{2 - 37}$$

式中：N_{iy} 为任意点 i 处因飞机旋转而承受的 y 向惯性力；G_i,m_i 为坐标为任意 x_i 处的重力和质量；x_i 为 i 点距飞机重心的距离（有正、有负，以重心为坐标原点来计算）；L_a 为平尾机动载荷合力作用点到飞机重心的距离。

可以看出，n_{yr} 随飞机各处 x_i 的不同而不同，在重心处为零，沿两端线性变化到最大值。还必须注意，由于力矩有一定的方向，x_i 也有正负之分，所以旋转惯性力及其附加的旋转载荷系数也有正有负，应正确判明。

飞机任何处的总载荷系数应为

$$n_y = n_{yt} + n_{yr} \tag{2-38}$$

式中：n_{yt} 为平动载荷的载荷系统。

由于飞机重心处的旋转载荷系数为零，所以在计算靠近重心处物体（如机翼结构及其上的装载设备等）的质量力时，可近似忽略旋转载荷系数的影响。

2. 装载或设备作用在飞机结构上的质量力

知道飞机在某一飞行状态下的载荷系数，就可以知道该状态下飞机各装载固定点承受的装载物质量力（重力和惯性力的合力）。例如，当飞机在俯冲拉起时，由于装载物随飞机一起作圆周运动，此时装载物的质量力比装载物本身的重力大，就像装载物"变重"了一样。当飞机没有绕重心的角加速度时，装载物的载荷系数与飞机重心处的载荷系数相同。因此只要将飞机的载荷系数乘上某一装载物的重力，就是该装载物固定点在这一飞行状态下所受的载荷。

飞机的质量力当然应是飞机各部分质量力之和。出现载荷系数后，总的质量力增大为

$$nG = n(G_1 + G_2 + \cdots + G_n) \tag{2-39}$$

这样，飞机里重力为 G_i 的装载或设备，作用在结构上的质量力（见图 2-9）则为

$$P_i = nG_i \tag{2-40}$$

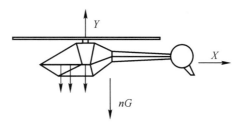

图 2-9　装载、设备的质量力情况

若讨论 y 向质量力，则应为

$$P_{iy} = n_y G_i \tag{2-41}$$

当飞机有绕重心的角加速度时，则总载荷系数应考虑旋转载荷系数。即求出装载物所在处的总载荷系数，将装载物所在处的总载荷系数乘以装载物重力，就是该装载物固定点在这一飞行状态下所受的载荷。

还必须注意，对于飞机上较长的装载物，如油箱、导弹、发动机等，则不可以简单地把它当成一个质点来考虑，这样会带来较大的误差。此时，它绕飞机重心的质量惯性矩应按下式

计算,即

$$I_{zG_i} = \frac{G_i}{g} x_i^2 + I_{x_0 G_i} a_z \qquad (2-42)$$

$I_{x_0 G_i} a_z$ 是某个长装载物绕自身重心转动的质量惯性矩。因此,在它本身的重心处会出现一个集中惯性力矩 $\Delta M_{z_0 G_i}$,在计算支持结构的内力时应当计入,即

$$\Delta M_{z_0 G_i} = I_{z_0 G_i} a_z \qquad (2-43)$$

2.3.6　着陆时的载荷系数

飞机降落着陆时,由于飞机的垂直下降速度在较短时间内减小到零,出现了很大的减速度,产生了着陆撞击,引起了着陆载荷系数(见图 2-10)。

着陆载荷系数的定义是起落架的实际着陆载荷 P_{lg} 与飞机停放地面时起落架的停机载荷 P_{olg} 之比,即

$$n_y = \frac{P_{lg}}{P_{olg}} = \frac{G + N_y - Y_1}{G} \qquad (2-44)$$

式中:N_y 为着陆时飞机的 y 向惯性力;Y_1 为着陆时飞机的升力。

战斗机的起落架着陆时最大的载荷系数 n_y 可达 $3 \sim 4$,但旅客机一般不超过2。飞机在地面运动时情况多种多样,因而不但会出现 n_y,还会有 n_x(如前方撞击、刹车时)以及 n_z(如侧滑着陆时)。

图 2-10　着地时的载荷

2.3.7　飞机设计时最大载荷系数的选取

飞机载荷系数的大小与飞机的飞行战术、技术性能,飞机结构的受力,设备的正常工作以及人员的生理机能等均有很大关系。最大载荷系数选得越大,飞机的机动性能就越强,可急剧俯冲拉起,急跃升,大坡度盘旋,以实施突击或快速有效地二次攻击。但是载荷系数大了导致结构受力增大,必然要增加飞机的结构重力以及设备重力(如要产生一定数值的载荷系数,必须有相当大的剩余推力,因此动力装置重力增加);各种设备也要在很大的惯性力下工作,对设备的要求也要提高,这有可能影响飞机的其他性能。载荷系数小则机动性差,但结构重量轻,飞机的其他性能却有可能提高。因此,在飞机设计时必须恰当地处理这些矛盾。一般由设计者和订货方按照实际需要选用载荷系数。

确定载荷系数的另一个因素是驾驶员生理上的抗负荷能力。人是有质量的,载荷系数使人的各部分质量好像起了变化:重了、轻了,甚至失重。各内脏器官、血液等会相对于人体

下压或上涌,形成生理病态。试验表明,人体承受能力与方向有密切的关系。人忍受正载荷系数的能力较大,但能承受的负载荷系数就小得多。在很短时间内,人能忍受的 $n_{max}=8$, $n_{min}=-4$。

为了提高机上人员承受过载的能力,设计出了抗过载服与高过载座舱。抗过载服的工作原理是这样的:当出现大的载荷系数时,由发动机引来的压缩气体通过气滤和调压器进入抗过载服,并鼓起气囊紧压驾驶员的腹部和腿部,阻止血液远离心脏而向下半身惯性流动,以减缓大的正载荷系数时生理病态的发生。高过载座舱的工作原理,主要是驾驶员座椅可根据飞行载荷系数的大小而自动倾斜不同的角度,以提高驾驶员承受过载的能力。当然这种座椅内部的布置、操纵系统的安排等也必须与一般座椅的不同,应根据驾驶员的姿态和变化情况合理布局。

在飞机设计过程中,载荷系数的大小应根据飞机的类型和用途来适当确定,而不是越大越好。在设计规范中,对不同类型的飞机所应选取的载荷系数值都有明确规定。规范中一般给定重心处载荷系数的数据手册,可供选用。但近年来,规范越来越倾向于指导性,而由设计方和订货方灵活选择。

2.4　飞行载荷计算原始数据

在飞机设计时,载荷计算的原始数据如下:

(1) 设计规范对全机和各主要部件的设计情况作了规定,对于全机来说,将这些设计情况反映在了飞机包线上,包括突风包线、机动飞行包线以及机动突风包线。

(2) 依据飞机的飞行性能、稳定性、操纵性以及技战术要求、结构强度要求等综合确定的飞机飞行极限(n_y - V_e 图)。

(3) 典型飞行载荷工况:

1) 对称机动飞行下的使用载荷;

2) 急剧俯仰机动;

3) 襟翼放下拉起状态;

4) 滚转与滚转改出机动等。

(4) 应考虑设计质量:

1) 最小飞行质量:空机重＋5％ 燃油质量＋最少乘员质量。

2) 最大设计质量:携带最大机内及机外装载。

3) 基本飞行设计质量:空机重＋50％ 燃油质量＋基本武器质量＋乘员质量＋滑油质量＋氧气质量。

4) 着陆设计质量:最大设计质量 —50％ 机内及机外燃油。

1. 强度的严重受载情况的确定

为了确定严重受载情况,首先要确定飞机可能的飞行状态。飞行员操纵飞机进行机动飞行,虽然可作各种飞行,但其仍受到各方面的限制。此处以歼击机为例说明,并取设计变量以飞机进行机动动作时的强度计算重量为代表。

（1）由于飞行员生理条件限制，飞机的机动飞行只能在 $n_{ymax,r}$ 和 $n_{ymin,r}$ 之间。

（2）飞机水平飞行的当量速度不能超过平飞最大当量速度，俯冲时的当量速度不能超过最大限制当量速度 $V_{e,max}$。

（3）飞机升力系数也是有限制的，因为飞行迎角超过正负临界迎角后，飞机就要失速，所以升力系数只能在 C_{Lmax} 与 C_{Lmin} 之间变化。

根据这些限制条件，可以绘出飞机的机动飞行包线和轨迹，如图 2-11 和图 2-12 所示。

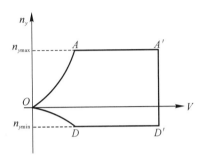

图 2-11　以速压与过载关系描述对称机动飞行包线

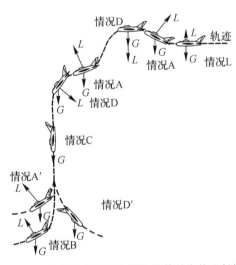

图 2-12　飞机的严重受载情况及其对应的飞行轨迹

在图 2-12 中：n_y 与 V_e 成正斜率抛物线关系，如 OA 段；以 C_{Lmin} 代入可得 OD 段。其中 AA' 表示 $n_{ymax,r}$；DD' 表示 $n_{ymin,r}$，$A'D'$ 表示俯冲终止时的最大允许当量速度为 $V_{e,max,max}$。

有
$$L = n_y G = G_L$$
将 C_{Lmax} 代入上式，可得 $n_y = C_{Lmax}$。

现在来分析各严重受载情况时的特点，主要注意三个方面问题：载荷大小、方向和分布规律。

（1）情况 A：飞机以临界迎角作凹曲线飞行，其过载达到最大使用过载，此时
$$C_{LA} = C_{Lmax} \tag{2-45}$$

$$n_{yA} = n_{ymax} \tag{2-46}$$

当飞机以大迎角作急跃升时,可能出现情况 A,如图 2-13(a) 和图 2-14 所示。

(2) 情况 A′:飞机以较小迎角和最大允许速度作凹曲线飞行,其过载达到最大使用过载。

此时有

$$\left. \begin{array}{l} n_{yA'} = n_{ymax} \\ V_{e,A'} = V_{e,max,max} \end{array} \right\} \tag{2-47}$$

当飞机从高速仰冲中攻击时,可出现 A′ 情况。

情况 A 和 A′ 中,作用在机翼上的总载荷大小和方向是相同的,但两种情况的压力重心不同。即载荷与分布不同。情况 A 属于大迎角,一般为亚声速飞行,其压力重心靠近前缘,约在 $(0.25 \sim 0.33)$ 倍弦长处,机翼前梁受力严重,如图 2-13(a) 所示。而情况 A′ 属于小迎角、大速度飞行(通常为超声速),其压力重心靠后,约在 0.5 倍弦长处,同时在小迎角下,机翼外段的升力贡献较大,因此使 A′ 情况较 A 情况对机翼根部弯矩更大、更严重,如图 2-13(b) 和图 2-14 所示。

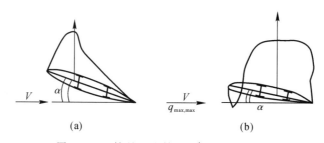

图 2-13 情况 A 和情况 A′ 向气动力分布
(a) 情况 A;(b) 情况 A′

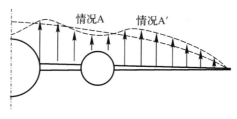

图 2-14 情况 A 和情况 A′ 展向气动力分布

(3) 情况 D:飞机以负的临界迎角作凸曲线飞行,其过载达到负的最大值。此时

$$C_{LD} = C_{Lmin}, \qquad n_{yD} = n_{ymin} \tag{2-48}$$

飞机猛然进入俯冲时,可发生情况 D,如图 2-15(a) 所示。

(4) 情况 D′:飞机以负的小迎角和最大允许速度飞行,作凸曲线飞行,过载达到负的最大值。此时

$$n_{yD'} = n_{ymin,r}, \qquad V_{e,D'} = V_{e,max,max} \tag{2-49}$$

飞机以倒飞拉起时,可发生情况 D′,如图 2-15(b) 所示。

这两种情况的载荷分布也不相同,与 A、A′ 相似,D′ 情况下压心偏后,机翼负弯矩较大,此时机翼下翼面受压,蒙皮和桁条可能失去稳定性。

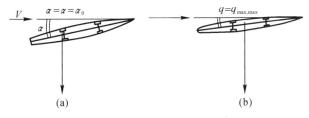

图 2 - 15　情况 D 和情况 D′

(a) 情况 D;(b) 情况 D′

(5) 情况 B:飞机以小迎角和最大允许速度作曲线飞行,并偏转副翼作滚转动作。此时

$$n_{yB} = 0.5 n_{ymax,r}, \quad V_{e,B} = V_{e,max,max} \tag{2-50}$$

飞机在俯冲攻击,并偏转副翼时会出现情况 B,此时由于副翼偏转造成压力中心更加后移,机翼后缘受力更严重,机翼还要受到较大的扭矩。

(6) 情况 C:在飞机垂直俯冲,达到最大允许速度时,偏转副翼,在这种情况下升力过载为零,即

$$G_{L,C} = 0 n_{y,C} = 0, \quad V_{e,C} = V_{e,max,max} \tag{2-51}$$

此时虽然升力为零,但因大速压下偏转副翼,机翼受到严重的扭矩作用。

(7) 情况 L:飞机以最大平飞速度飞行,并急剧偏转副翼进行滚转。此时

$$n_{y,L} = 0.6 n_{ymax,max}, \quad V_{e,L} = V_{e,max} \tag{2-52}$$

此种情况下,由于急剧偏转副翼,副翼上的载荷增加很大,对机翼造成很大扭矩和弯矩。

若此时飞机边滚转边拉起,则过载加大,即形成著名的 L_A 严重设计情况。

以上给出的是对称载荷情况,在很多情况下非对称载荷是严重的设计情况,如尾翼的非对称载荷常常是严重情况。

上述这些严重受载情况,基本上概括了战斗机各种受载情况,俄罗斯飞机强度设计规范中明确了这些情况的条件。在结构初步设计时,可以按飞行包线的各个顶点(即严重受载情况)进行设计和强度校核。

按照国家军用标准规定,飞行载荷计算必须根据飞机运动方程,舵面操纵规定,在给定的高度、速度范围内,对各种机动过程(如稳定俯仰机动、急剧俯仰机动、平飞滚转 180°),平飞改出,稳定侧滑,高速急蹬方向舵、反蹬方向舵等进行解算,根据舵面偏转输入得出各种机动过程的运动参数(如攻角、角速度、角加速度、滚转角等)。

在确定造成严重载荷的各种构形的重力后,还必须确定相应各种重力状态的重力分布及重心位置。由于飞机所有实际对称和非对称有效装载分布,飞机姿态、加速度、耗油顺序和飞机柔性均对重心有影响,因此必须考虑飞机重心可能达到的实际最前位置或最后位置,考虑容差后可使设计重心前于实际最前位置或后于实际最后位置。

根据计算的运动参数及飞机的高度、速度等,在风洞试验结果中选取相应状态的各部件

的气动压力分布和气动载荷,并根据质量分布计算相应状态的惯性载荷。必要时,还要考虑离散阵风和连续阵风的影响,然后进行全机载荷平衡计算,并计算机身、机翼各部件控制切面的弯矩、扭矩和剪力,根据各控制剖面的弯矩、扭矩、剪力分布图来选取严重载荷情况,并决定设计载荷情况。

在对用刚体模型进行风洞试验得到的测力、测压数据进行协调修正后,还必须对全机气动力数据进行纵向、横向和侧向的弹性修正计算,最后得到全机弹性气动力特性和全机弹性压力分布。

1985年前,我国的军用飞机强度规范基本是沿袭苏联1953年出版的《飞机强度设计指南》(规范)。在该规范中,对各类飞机各个部件进行静强度校核的各设计载荷情况都已作了明确规定,不需要像美国军用标准或我国军用标准那样由承包方自行来解算设计载荷情况。

1993年国内在某型飞机设计时,首次按国家军用标准《军用飞机强度与刚度规范总则》(GJB 67.1—1985)对全机飞行载荷进行了计算。当时选取4种飞机重量、12个重心位置,每个重量、重心对应飞机包线中的8个马赫数、14个高度,总共计算了2 940个机动过程、14 754个计算点,通过控制切面的弯、扭、剪绘制了载荷包线,通过包线的分析选取了152个载荷设计情况,其中纵向57种、横向67种、侧向20种、离散阵风8种。

根据对152种设计载荷情况的分析,并与苏联强度规范规定的载荷情况对比发现,按国家军用标准计算的载荷比"苏联规范"略小,但量级相当,载荷分布比苏联规范合理、可行。

民机规范除给出机动飞行包线外,还给出了突风包线。

2.5 飞机在起飞降落过程中的载荷

飞机在起飞和降落过程中的载荷主要为地面(或水面)的反作用力。反作用力通过起落装置作用到飞机上。由平衡条件得

$$2F_m + F_h = G + N - L_r \tag{2-53}$$

式中:F_m 为主轮载荷;F_h 为前轮载荷;G 为飞机重力;N 为飞机以 v_y 速度下降,触地后 $v_y = 0$ 使飞机作减速运动而产生的惯性力;L_r 为剩余升力,一般取为 $(0.75 \sim 1)G$。

地面反作用力的大小与飞机着陆姿态和在地面移动的方式、机场表面质量和减震系统的性能、驾驶技术的好坏等有关。

2.5.1 对起落架减震系统的要求

飞机以 v_y 速度下降,触地后在减震系统被压缩一个行程之后,v_y 变为零,因此会产生较大的加速度,从而会产生惯性力 N。

飞机着陆时减震器吸收的能量等于飞机重心降低时所做的功和飞机动能的改变之和。

实际飞机在触地时的垂直速度为 v_{yL},减震器吸收的功为

$$W = mAvlt/2 + fmd \cdot gh \tag{2-54}$$

式中:l 为起落架长度;t 为飞行时间。

苏联规范中对使用垂直速度做出了规定：

$$V = (0.148d + 0.005Gy + 4) \times 15 \qquad (2-55)$$

分配到每只起落架上的当量质量 m_d(kg) 由起落架几何参数和飞机着陆重力 G_{zl}(N) 来确定。

对主起落架，有

$$m_d = G_{zl}/(2g) \qquad (2-56)$$

对于功的储备能力，在着陆设计质量下，模拟以 125% 使用下沉速度着陆的情况，起落架结构允许产生不失去功能的永久变形，但不应破坏。此时，μ 取值在 0.4 ~ 0.55 之间。

2.5.2　起落架的过载

当缓冲器吸收使用功时，使用过载为

$$n = F_{w,max}/F_s$$

式中：$F_{w,max}$ 为缓冲系统吸收使用功时，在一个起落架上的最大力；F_s 为停机载荷。

n 不大于 $F_{t,max}/F_s$。其中 $F_{t,max}$ 为轮胎最大允许载荷。

当缓冲系统吸收最大功 W_{max} 时，相应最大过载为 n_{max}。其中 $W_{max} = 1.5W$，此时 $n_{max} = F'_{w,max}/F_s$。式中：$F'_{w,max}$ 为当缓冲系统吸收最大功时，作用在一个起落架上的最大力。$F'_{w,max}$ 应小于轮胎在受动载荷时的极限载荷。

2.5.3　起落架受载情况

飞机设计过程中不可能考虑到全部起飞着陆情况，因此只对下列典型的严重情况进行设计。典型情况如下：

G—— 两主轮受前撞击着陆受载情况；

G_{qf}—— 两主轮受前撞击起飞受载情况；

E—— 三点着陆时起落架受载情况；

E'—— 前三点式起落架主轮着陆的受载情况；

E_{qf}—— 三点状态起飞时受载情况；

E'_{qf}—— 两点状态起飞时受载情况；

R_1—— 受侧撞击着陆受载情况；

R_{qf}—— 受侧撞击起飞受载情况；

R_2—— 滑行转弯时受载情况；

S—— 着陆刹车时受载情况；

N—— 主轮扭转着陆受载情况。

除了以上基本情况外，还需要考虑复合受载情况，如 $E+G$、$E'+G'$、$E_{qf}+G_{qf}$、$E'_{qf}+G'_{qf}$。以及单轮着陆情况。下面引入"起转载荷"和"回弹载荷"概念。

起转载荷：机轮在触地之前没有转动，触地以后与地面有相对滑动，在滑动摩擦力作用下机轮转动起来，直到机轮达到需要的转速为止。起转载荷是垂直载荷的函数。机轮转动时才存在滑动和转动的复合。最大阻力载荷是飞机质量、机轮半径、起落架结构柔度、缓冲器作用力、飞机着陆速度和惯性的函数,一般由试验数据估算或由经验公式给出。

回弹载荷:在最大起转载荷瞬时,相应于结构向后变形最大,此时认为机轮已经达到所需要的滚转速度,滑动摩擦力快速减至零。蓄积在向后变形构件中的应变能使机轮及其上连接的质量惯性造成向前作用的回弹载荷。此载荷一般由试验或经验公式得到。其大小接近起转时的向后载荷。

综合对称和非对称着陆载荷、起转载荷和回弹载荷,共有 20 多种起落架设计情况。设计时还应考虑地面操作和维修载荷,如刹车滑行载荷、倒行刹车载荷、滑行载荷、动力滑行载荷、转弯载荷、前轮侧偏载荷、牵引和顶起载荷等。不同设计情况下起落架各部位受力不同,并且机体结构受力也不同,如起转和回弹载荷、侧向载荷对机体结构而言,比最大垂直载荷更加严重。另外,在载荷计算时应考虑,机体弹性对着陆载荷的影响。

2.6 飞机结构安全系数的确定

众所周知,结构所承受载荷、结构尺寸、加工质量和材料性能等都存在较大的分散性。为保证结构安全、可靠,在设计中引入安全系数的概念。安全系数为设计载荷与使用载荷之比。其物理意义为实际使用载荷增大到多少倍时结构才破坏,这个倍数就是安全系数。

引入安全系数时主要考虑以下几方面:

(1)在使用时可能出现超过规定的机动动作或未估计到的突风,从而出现大于规定的使用载荷。

(2)在使用载荷作用下飞行器结构没有永久变形或产生屈服。

(3)满足结构的刚度要求。

(4)结构所用的材料本身或在制造加工过程中不可避免地存在或引入缺陷。

(5)分析中的不确定因素和分析手段的不完善。

安全系数影响结构的承载能力、重力和安全可靠性。因此正确选取安全系数是既重要又困难的问题。最初确定 $f=1.5$ 是根据材料屈服强度和破坏强度比确定的,后来是根据统计而定的。目前,通常是根据理论分析和实验研究,并通过大量的使用经验的统计、归纳分析,最后以强度规范的形式明确给出适合各设计情况的 f 值。有人飞机一般规定安全系数取 1.5,实践中常常会有加大或减小安全系数的情况。如,特殊情况或特殊部位(如重要接头),常以不同方式加大安全系数(如乘以 1.25 倍);又如,由于设计分析和实验手段提高,材料品质的改善(如材料的屈服强度和破坏强度比值提高),采用了更先进的工艺设备等,在不同的结构部位可适当降低 f 值。而对于一些特殊情况,如应急情况或一次性使用等,可适当减小安全系数。

第3章　无人直升机结构分析

3.1　机身结构分析

3.1.1　机身结构设计

机身不仅承受各连接部件传来的各种载荷,如发动机、起落架起转回弹载荷、旋翼拉力、尾桨推力、武器发射后坐力以及冲击波和尾梁载荷等,还承受装载在机身内部的载荷重量以及机体结构本身的重力和惯性力。机身本身直接承受气动载荷。对于机身总体强度而言,机体直接承受的气动载荷不是主要的,一般不予考虑,但对于机身局部结构强度来说,有时需要对其进行特别考虑。

机身结构件布局时,主要根据机身不同部位的受力情况,合理选择纵横向构件的位置,构成合理的承载结构。机身主要的承力结构在发动机减速器平台安装处,以及尾梁和起落装置的安装处。对机身开口处应考虑合理的补强设计[21]。

3.1.2　机身典型结构形式

机身的典型结构形式可以分为桁架结构式、薄壁结构式和复合材料夹层结构式。

1. 桁架结构

桁架结构是使用无缝管焊接而成的空间结构。小型直升机使用桁架结构比较多。尽管桁架结构强度质量比高,但制造花费高。桁架式机身骨架由钢材或铝合金制作而成,并且用实心杆件或管材做成撑杆,通过铆接、焊接或螺栓连接成整体。在桁架式结构外固定整形用的隔框、桁条和蒙皮,用于维持外形减小机身阻力,如图 3 - 1 所示。

图 3 - 1　桁架式机身结构

在无人直升机中常用的桁架结构有普拉特式（N形桁架）和瓦伦式（W形桁架）两种。这两种形式都是围绕机身大梁搭建桁架结构，大梁作为承载弯曲和扭曲的主要部件。普拉特式桁架的机身大梁在横向和垂直钢管连接，通过对角连接件加强，钢管承受拉伸载荷，如图3-2所示。瓦伦式桁架主要依靠对角件来承受拉伸和压缩载荷，如图3-3所示。

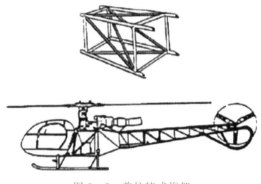

图3-2　普拉特式桁架

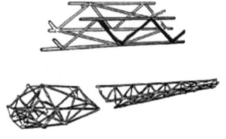

图3-3　瓦伦式桁架

2. 薄壁结构

薄壁结构按承力形式又分为梁式结构、半硬壳式结构和硬壳式结构。

（1）梁式结构。梁式结构中全机的剪切、弯曲、扭转载荷主要由梁来承受，如图3-4所示。普通桁条较弱，仅起到支持蒙皮维持外形的作用。蒙皮厚度很薄，刚度较小。横向载荷主要由加强框来承受，而普通框主要维持结构外形，支持蒙皮和桁条。

（2）半硬壳式结构。半硬壳式结构的所有桁条没有明显的强弱之分，蒙皮厚度比梁式结构的蒙皮厚，长桁与蒙皮共同承受总体载荷，如图3-5所示。

（3）硬壳式结构。硬壳式结构有刚度很大的厚蒙皮，没有桁条，由蒙皮承受总体载荷。

3. 复合材料夹层结构

复合材料夹层结构分为夹层板和层压板结构，随着复合材料技术的发展，还出现了模块化结构、缠绕结构、融合体结构和层压板加缝纫结构、三维多向编织结构、复合材料智能结构和树脂传递模塑（RTM）技术制造结构等多种形式。如图3-6所示，直升机采用整体式的复合夹层板结构。

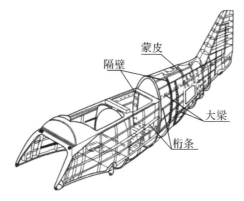

图 3 - 4　梁式结构机身

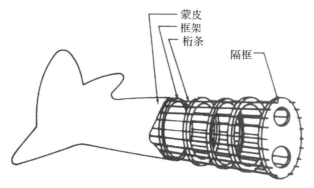

图 3 - 5　半硬壳式结构机身

图 3 - 6　复合材料机身保形蒙皮示例

复合材料夹层板结构主要有用于维持机身气动外形的保形蒙皮、有透波要求的设备载荷舱体结构等。设备载荷舱一般在保证结构安装要求的同时,需要达到要求的透波性能。

典型的复合材料夹层板结构形式有薄壁式、A 型夹层结构和三层夹层结构。

(1)薄壁式结构的机身蒙皮一般使用玻璃纤维布材料,如图 3 - 7 所示。对于有透波要求的蒙皮,其最佳厚度对应于相应入射角下介质材料的半波长的倍数。

(2)A型夹层结构是由两层比较致密的面板和一层较厚的低密度芯材组成的,如图3-8所示。这种结构在相同质量下,具有比较高的强度。面板一般是玻璃纤维布或石英布,芯材一般是泡沫、玻璃布或芳纶纸蜂窝。

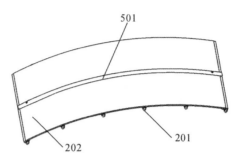

图3-7 薄壁式复合材料蒙皮设计示例

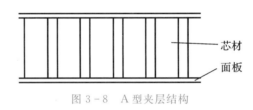

图3-8 A型夹层结构

(3)三层夹层结构,具有两层外面板和一层中间面板,面板之间有两层芯材,如图3-9所示。

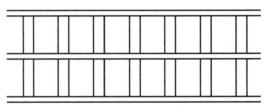

图3-9 三层夹层结构

3.1.3 机身结构传力路线分析

在结构设计中,传力路线应尽量短,可以充分利用结构的承载能力,有效地减轻结构质量。直升机机身是主要的承力部分。此处以图3-10为例简述直升机机身传力路线分析。

直升机机身前段主要受力件是设备舱底板,由若干纵横向构件组成。主受力结构是左、右两根大梁,延伸到机身中段。受力模式是悬臂外伸梁受力。前段的主要载荷是有效载荷和机体惯性力,这些力主要依靠左、右两根梁的弯曲剪切来传递。在前机身载荷左、右不对称的情况下所产生的扭矩,则依靠左、右梁组成的盒段并通过梁的"参差弯曲"

来传递。

现对图 3-10 所示的直升机机身中段传力路线进行分析。作用在直升机机身中段的力,有主减速器撑杆传来的旋翼拉力、主减速器壳体传到机身的旋翼扭矩、着陆装置着陆时传到机身的载荷以及机身本身的惯性力等。旋翼拉力经过主减速器撑杆传到机身平台上的 4 个接头,这 4 个拉力(压力)可分解为直升机纵向力(图示 P_{1X}、P_{2X}、P_{3X}、P_{4X})、直升机横向力(图示 P_{1Y}、P_{2Y}、P_{3Y}、P_{4Y})和框平面的力(图示 P_{1Z}、P_{2Z}、P_{3Z}、P_{4Z})。

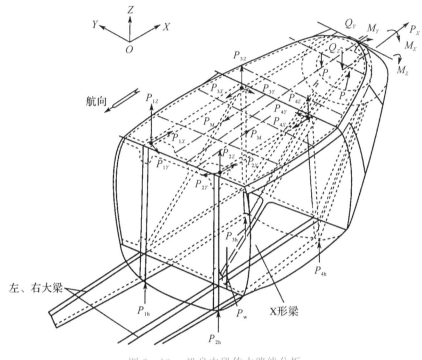

图 3-10 机身中段传力路线分析

X 向分力的传递:通过接头与平台连接的螺栓受剪传给平台板,并经过平台板与 X 形梁缘条相连接的铆钉受剪再传给 X 形梁(前、后两接头在这个方向的分力能够相互平衡一部分,余下的由 X 形梁平衡)。

Y 向分力的传递:通过接头与平台连接的螺栓受剪传递给平台板及垫板,再传到框缘上(左、右两接头在 Y 方向的分离可以相互平衡一部分,余下的分力由前框和后框框缘与主减速器平台相连的连接件通过剪切获得平衡)。

Z 向分力的传递:通过接头紧固螺栓受拉压传给内接头(内接头一般均与梁、框相连),再由内接头与框腹板连接的铆钉受剪传递并扩散到框腹板,由框缘受拉腹板受剪来传递。

直升机主减速器反扭矩传递给机体结构的方式,有分散传递与集中传递两种。分散传递是指减速器的壳体通过螺栓组与机身平台连接,螺栓受剪将反扭矩传递到主减速器平台板。集中传递是指主减速器壳体用两个螺栓与机身平台上的接头相连,通过与接头相连的铆钉受剪将扭矩传递到平台板,随后逐步扩散。

直升机着陆装置有轮式起落架和滑橇式起落架两种,无论哪种结构形式,着陆载荷均由连接起落架的机身接头直接传到机体结构的梁或框上。某型直升机滑橇着陆时传到机身上的载荷 P_{1h}、P_{2h}、P_{3h}、P_{4h} 均直接传到地板下两根大梁及机体前、后框上,与无人直升机的惯性力 P_w 平衡。

直升机的机身后段又称为过渡段,它的作用是将尾部传来的分散和集中载荷传到机身中段进行平衡。直升机就是通过后段与尾梁连接的多个螺栓将尾部载荷传到机身中段的。机身后段主要承受尾部传来的载荷,如发动机传来的载荷 P_e、剪流 Q_Y 和 Q_Z 及轴向力 P_X、扭矩 M_X、弯矩 M_Y 和 M_Z 等。

弯矩 M_Y 的传递:通过尾梁与机身对接的上半部螺栓受拉、下半部螺栓受压,传递给机身对接框,再通过连接框与蒙皮的铆钉受剪传给发动机平台板及后段侧部、底部蒙皮,由这些部件受拉压传递进入机身中段。

弯矩 M_Z 的传递:通过尾梁与机身对接的右侧螺栓受拉、左侧螺栓受压,传递给机身对接框,再通过连接框与蒙皮的铆钉传递给两侧蒙皮,后段右侧蒙皮受拉、左侧蒙皮受压传递到机身中段。

扭矩 M_X 的传递:通过多个螺栓传递给机身对接框,通过框缘与蒙皮连接的铆钉受剪传递给蒙皮,使左、右、上、下蒙皮均以剪流形式传到机身中段。

剪流 Q_Y 和 Q_Z 的传递:通过对接螺栓受剪传递给框缘,再通过框缘与蒙皮连接的铆钉受剪传给蒙皮,以剪流形式传递到机身中段后达到平衡。

轴向力 P_X 的传递:通过对接螺栓受拉传递给框缘,再通过框缘与蒙皮连接的铆钉受剪传递给发动机平台板及侧、底蒙皮,以蒙皮受拉形式传到机身中段保持平衡。

尾段传递的主要载荷有质量力,尾桨推力,以及上下垂尾(上垂尾统称斜梁,或称为垂尾)、平尾的空气动力。所有这些力通过尾梁传到尾梁与机身对接的连接件上,连接件再传给机身过渡段。

3.1.4　主承力件设计

直升机飞行速度小,过载小,气动载荷相对较小,同时机身形状比较粗大,总体静强度比较容易满足,机体应力水平较低,故集中载荷的传递、扩散及主要承力构件的设计是结构设计应着重考虑的问题。机身主承力件包括加强框、板框、普通框、主减速器平台的主减速器接头和侧板等[22]。

加强框的位置根据集中载荷分布情况和总体布局要求确定,普通框位置按使用要求及总体载荷情况确定。对纵向构件,按总体布局要求确定纵向构件的位置和形式,承受纵向(垂直于框平面)集中载荷的地方应设置加强梁或桁条,不承受集中力处按控制蒙皮剪切失稳临界应力或结构布置的需要安排桁条。在机身结构的横剖面内,尽可能构成闭室,以传递扭矩;如果结构上有开口,则必须在开口四周有相应的加强结构来支持开口边缘,以承受和传递原先由蒙皮负担的附加载荷,同时要合理考虑加强件参与受力问题。

加强框分布在机身外形呈锥面或曲面部分,与蒙皮相连的隔框外侧凸缘应设计成开斜角(大于90°),机身平直段的弯边方向可根据结构连接需要而定。加强框的剖面形状一般采用工字形,如图 3-11 所示。为了提高框腹板的剪切强度,通常设计长桁和加强窝进行加强,如图 3-12 所示。如果加强框需要分段,应尽量选择在内力较小的地方进行分段,与桁条连接一般不开缺口,并尽量减少在隔框外凸缘上连接接头的偏心弯矩。

图 3-11　加强框示例

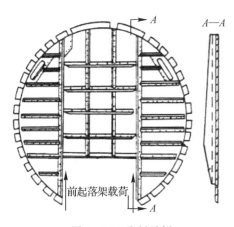

图 3-12　腹板示例

普通框分布于机身外形呈锥面或曲面的部分,与蒙皮相连的隔框外侧凸缘应尽量设计成开斜角(大于 90°)。框缘开口在扭矩较大的部位,为了提高框的承扭能力,框缘不开缺口,通过角片与长桁相连,长桁则与蒙皮相连。在扭矩较小的部位,框缘开长桁缺口,长桁通过处通常可设计成与框弯边相连,或者增加角片与框相连。采用夹层结构设计时,壁板件与普通框直接连接,框缘不开缺口,如图 3-13 所示。

直升机旋翼载荷通过分路传递给机身:主减速器接头仅承受主减速器支撑杆传来的拉力,反扭矩通过主减速器的壳体与主减速器平台连接的螺栓分散传递给主减速器平台,如图 3-14 所示。主减速器接头是机身设计中最为重要的接头构件,承受大的交变载荷,除了保证静强度外,还需要采取提高疲劳强度的有效措施。接头的设计选材不仅要考虑材料强度,还要有高的韧性和抗疲劳性能。在接头的底部设计凸台,通过凸台与主减速器上的垫板相互作用来传递主减速器接头拉力在主减速器平台上两个方向分力的合力,由大直径的凸台传剪,有效提高孔的挤压强度。紧固接头的螺栓仅承受单方向拉力载荷,这降低了对主减速器接头紧固螺栓孔的精度要求。

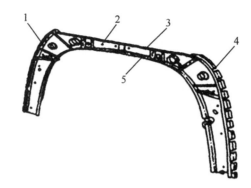

图 3 - 13　普通框示例

1—框缘板;2—框腹板;3—上缘条;4—长桁缺口;5—内缘条

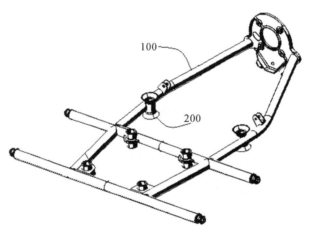

图 3 - 14　主减速器平台示例

　　如图 3 - 15 所示,主减速器接头凸台的设计还要考虑使接头上合力作用线通过凸台与接头底部螺栓中心线相交的点,即通过紧固接头的螺栓组的形心,使各螺栓受力均匀,避免在螺栓上产生附加偏心力矩,改善螺栓的受力状态,减少连接件数量,减轻加强件质量,有效提高接头的使用寿命。

　　考虑直升机经常需要在潮湿、盐雾、霉菌的环境中使用,需要对钢制零件表面进行镀镉或镀锌钝化处理,对铝合金件表面进行阳极氧化处理,并涂漆保护。但主减速器接头一般承受较大的载荷,因此应选择高强度的钢,若采用镀镉钝化或镀锌钝化处理,不可避免会产生氢脆,故对主减速器接头采用表面磷化处理后涂漆保护。由于磷化层比较疏松、不耐磨,在接头下表面及凸台处不进行磷化处理,仅在装配时涂油膏防腐蚀。

　　接头设计时必须采用满足规范要求的附加安全系数,尽量减少载荷传递过程中的附加偏心力矩。除考虑静强度外,应尽量采取措施提高接头的疲劳强度,如使结构剖面变化尽可能平缓、轮廓过渡采用较大的圆角半径、注意高强度材料的热处理、选择高的韧性材料等。同一接头的同一受力面连接件,应选用同种类型的紧固件。

图 3 - 15　主减速器接头示例

3.1.5　结构材料选择

结构材料选择是建立在已有直升机或其他固定翼飞机选用的材料体系基础上的,在满足设计要求的前提下,尽量考虑现有型号之间材料使用的继承性。根据结构的不同使用部位,考虑成本和受力等综合因素,合理选择材料。材料一般要求性能好,有高的比强度、比刚度和较好的韧性,并具有良好的工艺性,加工成形容易,可以减少生产成本[23]。

用于主传力路线的重要件、关键件,宜选用韧性好的钛合金、高强度铝合金或高强度钢,或以石墨纤维、碳纤维为主,也可与芳纶或玻璃纤维预浸料混杂,使用性能好的高温固化树脂。

一般件和次承力件可选用铝锂合金或高强度铝合金,并尽量选用复合材料制作,选用芳纶蜂窝板可获得重量轻,安全性、耐久性和损伤容限好,成本低的效果。

高温区结构应选不锈钢、钛合金,为减轻重量,形状复杂的零件可选阻燃耐高温的复合材料。所选材料材质应有可追溯性,且有稳定的货源。选材时应尽量压缩品种规格,以减少生产成本,方便供应和质量管理。

复合材料因为具有高的比强度、比刚度,良好的抗疲劳性能和材料铺层的可设计性,在直升机上得到了广泛的应用。根据制造方法的不同,复合材料结构可分为层压板结构、夹层结构和混合结构三种:

(1)层压板结构。采用挤压、模压、缠绕、编织等各种方法成形,根据承力的大小选择纤维织物的类型,按不同的铺层取向、铺层百分比和铺层次序铺设而成,根据需要设置筋条和局部加强铺层。层压板结构一般用在直升机的主承力结构件上。

(2)夹层结构。根据承力和用途需要选用不同的芯材作为夹芯,夹芯的材料包括玻璃钢、芳纶纸、铝箔蜂窝或硬质泡沫等,面板采用不同的纤维或纤维织物预浸料与夹芯组合固化而成。夹层结构耐久性、损伤容限特性好,安全性高,适用于承受均匀载荷的构件,使用范围广,采用不同的夹芯和面板组合可以得到不同强度和刚度的构件[23]。

(3)混合结构是层压板与夹层板结构混杂形成的结构形式,可以充分发挥层压板和夹层板的优缺点,适合于用在受集中力或正应力大的部位。

直升机用复合材料的增强纤维材料包括玻璃纤维、硼纤维、芳纶、碳纤维及其织物,常用的有单向带、单向布和双向布等。

为了得到需要的铺层性能,必须适当选取复合材料的纤维含量和树脂含量,选取的依据是铺层的承力性质和使用环境。

对于强度、刚度要求比较高,同时又有抗冲击要求的结构件,采用在碳纤维复合材料的层间或层内混杂芳纶或玻璃纤维的方法,形成混杂复合材料,以提高冲击性能。对于要求重量轻、成本低、中等强度和刚度要求的结构件,采用芳纶或玻璃纤维复合材料的层间或层内混杂碳纤维的方法提高结构的刚度和抗压缩性能。

直升机结构件使用复合材料的基体材料,以热固性树脂为主,如环氧、聚酯和双马来酰亚胺等。其中,环氧类的使用最为广泛,但其韧性和耐热性有待提高。双马来酰亚胺用于150 ℃的环境中。

复合材料的使用应根据受载情况和使用环境选定结构形式和材料。对无人直升机构件,可以按受力的大小分为仅受气动力的维形件、次承力件和主承力件三类。维形件一般选用中温固化的高强玻璃纤维或芳纶;次承力件一般选用中温或高温固化的碳纤维或添加芳纶和玻璃纤维;主承力件则由高温固化的碳纤维织物铺成,必要时添加芳纶混杂。

3.1.6　结构分离面的划分

机体结构在设计和生产过程中需要划分成很多个装配单元,两相邻装配单元间的对接结合处就形成了分离面。分离面分为设计分离面和工艺分离面[24]。

(1)设计分离面:根据直升机的构造和使用要求而设置,如尾梁与机身中段的连接、平尾与斜梁或尾梁的连接、短翼与机身中段的连接等。根据部件与部件之间设计结构形式和传力特点的不同,设计分离面一般都用可卸连接(螺接),要求具有互换性。

(2)工艺分离面:根据生产上的需要而设置。合理划分工艺分离面,有利于扩大工作面,缩短生产周期,保证产品质量。工艺分离面之间,一般都用不可拆卸连接(胶、铆、焊接或螺接),装配成部件后工艺分离面消失。

不能随意扩大设计分离面或工艺分离面,分离面增多,连接件数量随之增加,机体结构的传力路线也会改变,额外增加重量和成本。划分出来的装配件,应酌情考虑分散装配和集中装配的原则。若采用复合材料设计,则尽可能采用大模块融合体的方法设计,以减少分离面、提高结构的完整性。

3.2　旋翼结构和操纵系统设计

旋翼系统设计包括旋翼桨叶结构设计、旋翼桨毂设计以及尾桨的设计,主要在直升机总体设计给定的旋翼特定性能参数下进行。设计时,根据预先确定的动力学设计目标,通过结构优化确定桨叶桨毂的结构特性参数,通过调频设计验证结构设计是否达到动力学设计目标。随着结构细节设计的深入开展,对原有总体参数进行必要的修正、更改,逐步、反复迭代形成最终的设计方案。

旋翼结构设计以总体设计给定的旋翼结构形式、旋翼总体参数、桨叶气动设计参数以及边界及接口协调参数为依据。设计过程中,根据实际情况对总体参数进行必要的修正。

旋翼总体参数包括旋翼结构形式、旋翼直径、桨叶片数、转速、转向、桨叶实度、一阶挥舞频率比、一阶摆振频率比、一阶扭转频率比、桨叶静挠度、桨盘载荷、旋翼质量、旋翼绕旋翼轴转动惯量、挥舞调节系数、水平铰外伸量、垂直铰外伸量、旋翼预锥角与下垂角。

桨叶气动参数包括翼型及翼型配置、桨叶弦长、桨叶几何扭转、平面形状、桨尖几何形状、桨根切除位置,以及其他特殊要求,如变距轴线位置、后缘调整片位置、翼剖面过渡等。

边界及接口协调参数包括:操纵系统的总距要求、纵横约束刚度值,旋翼轴的弯曲、扭转刚度,与操纵、传动系统的接口尺寸和位置,等等。

旋翼系统的选材设计要求包括:优先选用使用过的成熟材料,适当选用优质新材料,尽量减少材料规格与品种;选用比强度、比刚度高的材料;材料的耐冲击性、耐环境特性、抗疲劳性要好,要具有良好的工艺性;选用的复合材料应满足耐冲击和阻燃、防毒气、防烟雾等特殊结构要求;树脂基体应与纤维的断裂应变相匹配、协调,同时与纤维具有高的界面结合强度;树脂基体应满足工艺性对挥发物含量、预浸料试用期、黏性、固化温度、固化压力以及固化后的收缩率要求等。注意,不同材料间固化温度要求要具有较好的相容性。

3.2.1　桨叶结构设计

桨叶结构设计要满足直升机总体设计和气动设计确定的参数要求,桨叶的结构性能应满足旋翼动力学、疲劳与强度、可靠性与维修性、经济性和工艺性方面的要求。早期的直升机桨叶为木质桨叶,随着技术发展出现了金属桨叶、金属和木质混合桨叶、金属和复合材料混杂结构桨叶。现代直升机多数采用复合材料桨叶。桨叶的构型主要根据桨叶材料、大梁的形状以及接头形式进行设计[25]。

桨叶结构设计工作内容包括桨叶材料的选择与桨叶构型的设计。采用复合材料桨叶时,需要确定桨叶铺层设计及相关的结构参数,并完成桨叶与桨毂的连接结构设计。

进行桨叶结构设计时,结构参数主要包括桨叶整体结构参数和剖面特性参数,如表3-1所列。旋翼动力学分析、载荷分析、强度分析和计算以及桨叶设计调整,均以桨叶结构参数为中心开展,形成迭代优化设计过程。

表 3-1　桨叶结构设计参教

名称	单位	说明
桨叶质量	kg	计算单片桨叶的质量,从桨叶根部到桨尖,包括桨叶所有结构、涂层、配平等质量,设计分析时一般计算其平均值
展向重心	mm	整片桨叶重心距旋叶中心的距离定义为展向重心
有效重心	mm	考虑桨叶展向位置的弦向重心,是分析整片桨叶弦向重心比较合理的参数
绕旋转轴惯性矩	$kg \cdot m^2$	单片桨叶绕旋转轴的转动惯性矩
绕水平轴惯性矩	$kg \cdot m^2$	单片桨叶绕水平绞支点位置的转动惯性矩
绕变距轴惯性矩	$kg \cdot m^2$	单片桨叶绕变距轴线的转动惯性矩
剖面挥舞刚度	$N \cdot m^2$	剖面相对刚心的挥舞刚度
剖面摆振刚度	$N \cdot m^2$	剖面相对刚心的摆振刚度
剖面扭转刚度	$N \cdot m^2$	剖面相对扭转中心的扭转刚度
剖面线质量	kg/m	剖面单位长度的质量

桨叶的主要结构有大梁、蒙皮、后段件和接头,如图 3-16 所示。部分桨叶还有桨尖罩、后缘调整片、前缘包片和平衡配重等。

(1)大梁是桨叶的主要承力构件,承受复杂的交变载荷。大梁材料的选择主要考虑强度和疲劳特性,选择综合性能好的材料。在大梁结构设计中,重点考虑抗疲劳设计,避免刚度急剧变化和应力集中。大梁及大梁上的连接孔应采取相应的强化措施,尽可能提高大梁的疲劳性能。为了及时发现金属大梁中可能产生的裂纹,通常设置裂纹报警系统。报警系统由裂纹探测系统和裂纹指示装置组成,桨叶结构设计时需要考虑裂纹指示装置的安装位置。复合材料桨叶大梁的可设计性好,通常不受大梁构造形式的限制,一般由高强度的纤维沿展向铺设,用于承受大的轴向拉伸载荷。

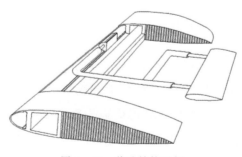

图 3-16　桨叶结构示例

金属桨叶根据大梁的形状和成形工艺不同,可以分为空心挤压桨叶、C 形梁挤压桨叶、管梁桨叶和多闭腔组合梁桨叶等。

空心挤压大梁是根据设计要求将大梁挤压成所需的形状,切面形状可以为 D 形或梯形梁,经过机械加工保持旋翼气动外形。这种结构的桨叶抗扭刚度好,大梁能够单独承受桨叶的复杂载荷,如图 3 - 17 所示。

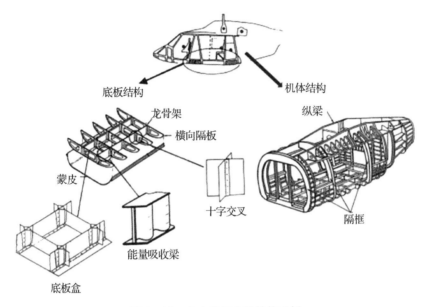

图 3 - 17　空心挤压大梁结构示例

C 形梁一般由铝合金挤压成形,表面经过机械加工,构成翼型的前缘部分,上、下表面构成部分翼型面。因为 C 形梁后缘开口,梁的扭转刚度较低,通常需要与 Ⅱ 形梁或蒙皮一起构成单闭腔或双闭腔承力结构,如图 3 - 18 所示。

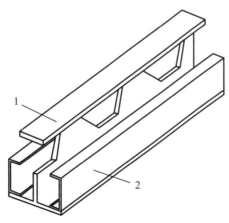

图 3 - 18　C 形挤压大梁结构
1—Ⅱ 形梁;2—C 形梁

管梁桨叶的管梁一般由钛合金或合金钢挤压成形,截面形状根据桨叶整体结构和承力要求,可以做成圆形或者椭圆形,如图 3 - 19 所示。

图 3 - 19　管梁结构

多闭腔组合梁由钢板折弯成 C 形或 D 形梁元件,通过胶接或焊接组成多闭腔承力结构,如图 3 - 20 所示。

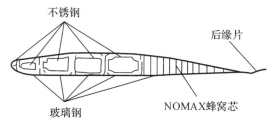

图 3 - 20　多闭腔组合梁结构

复合材料桨叶构型根据大梁典型剖面结构(见图 3 - 21),分为 C 形梁单闭腔、D 形梁双闭腔与多闭腔等结构形式。其中,最简单的结构形式是 C 形梁单闭腔,如图 3 - 22 所示,这种形式结构简单、工艺性好,承力特点与金属 C 形梁结构类似。由于剖面抗扭刚度低,翼型后段填充材料与蒙皮的胶接强度受到限制,使得桨叶的弦长不能太宽,因此 C 形梁单闭腔结构主要适用于中小型直升机。对于弦长较大的桨叶,可采用双闭腔结构,可以提高桨叶后缘蒙皮的黏结强度和桨叶的扭转刚度。

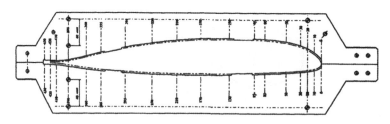

图 3 - 21　典型剖面结构示意图

多闭腔结构是充分利用复合材料可设计性特点的一种结构形式,如图 3 - 23 所示。采用多路传力结构,在桨叶内部设置多种截面形状的加强梁,如 I 形梁、II 形梁、Z 形梁等,使其具有较好的桨叶破损安全特性。

图 3 - 22　复合材料 C 形单闭腔梁结构

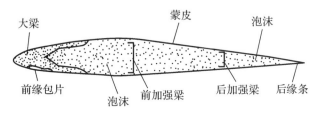

图 3 - 23　复合材料多闭腔结构

(2)接头是桨毂与桨叶连接的关键构件,由于桨叶根部会承受较大的复杂载荷和离心力,所有载荷都由接头传递给桨毂。接头的形式主要取决于桨叶与桨毂的连接形式,通常有梳形接头、双缠绕衬套和法兰盘等连接形式。

梳形接头是一种双耳或多耳的连接方式,如图 3 - 24 所示。大梁与接头的连接采用层板胶接和螺栓连接方式,大梁根部与接头的上、下腹板通过螺栓连接形成一个整体,腹板的厚度沿展向逐级变薄,实现结构的等强度设计。

图 3 - 24　桨叶梳形接头连接结构

双缠绕衬套连接:在桨叶根部用两个衬套,通过插销或螺栓与桨毂相连,这种连接形式多用于复合材料桨叶。大梁根部的复合材料纤维绕衬套缠绕,接头相对简单,如图 3 - 25 所示。

法兰盘连接:在桨叶根部布置法兰盘与桨毂的法兰盘通过螺栓组进行连接,大梁与接头的连接采用螺栓和层板胶接方式,主要用于金属桨叶的连接,如图 3 - 26 所示。

图 3-25　复合材料双缠绕衬套连接结构

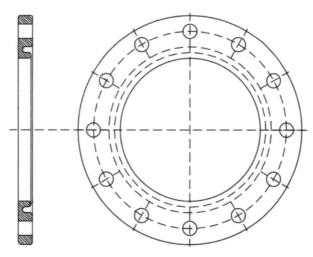

图 3-26　法兰盘连接结构网

(3)后段件是指桨叶翼型剖面后半部分的结构设计,通常用铝合金蒙皮盒形件,或蒙皮与蜂窝芯、泡沫芯组成夹层结构。后段件部件之间以及后段件与大梁的连接采用胶接方式。不连续的盒形后段件不能参与桨叶整体受力,而是仅把其上的气动力和质量惯性力传递给大梁。整体后段件不仅参与桨叶整体受力,还为桨叶提供一定的弯曲和扭转刚度。后段件的质量对桨叶弦向质心影响较大,因此结构设计时应尽可能减小后段件质量,并防止后段件进水和积水。

(4)复合材料桨叶的蒙皮设计应尽量连续,它能承受一定的离心力,并能提供部分弯曲刚度和扭转刚度。一般桨叶的最外层蒙皮采用平整致密织物,以提高桨叶的外形质量。内层蒙皮根据结构需要选择材料和铺设方案。蒙皮使用较多的材料有玻璃纤维、碳纤维和芳纶纤维织物。玻璃纤维蒙皮的桨叶具有好的韧性和制造容差的损伤容限特性,碳纤维蒙皮则具有好的刚度特性和轻的质量。蒙皮铺层应尽量采用对称铺层,防止固化后引起结构翘曲,铺层的纤维轴线应尽可能与内力拉压方向一致,扭转刚度和剪切强度主要由±45°铺层提供。蒙皮连接宜采用搭接方式,一般搭接宽度要在 10 mm 以上。

(5)桨叶内部的填充物包括泡沫与蜂窝两大类。泡沫填充主要考虑泡沫与蒙皮的黏结性能和泡沫的内在质量影响。蜂窝填充主要考虑蒙皮与蜂窝的黏结强度以及桨叶的密封性,防止潮气与水分浸入导致内部腐蚀。

(6)桨尖罩一般由金属板冲压成形,或者采用胶接和铆接成形。桨尖罩处于桨叶的高动压区,相对气流速度大。桨尖罩的结构设计除保持外形光滑流线外,还要在外端设排水孔,防止桨尖罩内积水。桨尖罩一般通过可拆卸的螺栓或螺钉与桨叶主体连接。

(7)前缘包片主要用于防止桨叶前缘被砂石撞伤和磨损,通常由不锈钢或钛合金薄板冲压成形,胶粘于桨叶前缘,也可以用耐磨的聚氨酯胶带粘贴于桨叶前缘。复合材料桨叶的前缘包片可以与桨叶一起模压胶接,也可模压后黏结。

(8)桨叶气动力调整片是为了调整桨叶的铰链力矩和桨叶锥度而设计的。调整片的位置一般布置在 $(0.7 \sim 0.8)R$(R 为旋翼半径)处的桨叶后缘,尺寸根据桨叶动平衡调整的需要确定。金属桨叶调整片一般采用铆接方法与后段件后缘连接,复合材料桨叶调整片通常采用胶接方式与后段件后缘结合成一体。

(9)桨叶中的固定配重一般有两种:一种用于调整桨叶动力学特性,称为调频配重,一般加在桨叶相应阶次模态振型的波峰或波谷处;另一种用于调整桨叶重心,在详细设计时对配重和固定位置进行考虑。配重一般选用密度大的重金属,缩小配重体积,对过长的配重可以将其分成若干小段进行铺设。

为了满足桨叶重量特性和平衡要求,通常在桨尖设置静平衡配重和动平衡配重来消除或减少因制造误差引起的桨叶间不平衡现象。静平衡配重调整桨叶展向质量静矩,使各片桨叶质量静矩达到一致。依靠桨尖动平衡配重在弦向安装位置的变化对桨叶动平衡做出调整。

(10)桨叶结构表面应进行必要的防护措施,以满足在温度、风沙、盐雾、霉菌及复杂条件等多种环境条件下的工作要求。除按一般结构件要求进行表面处理外,应尽可能避免电位差较大的材料互相接触,必须接触时应选用中间镀层或用非金属层隔绝,缝隙应涂密封胶。在可能产生振动和摩擦的地方,应避免结构之间振动摩擦造成的材料腐蚀,如在接触面之间增加耐磨垫片等。铝合金结构胶接应阳极化处理,提高胶接质量;防止结构进水和积水,必要时设置排水孔。复合材料桨叶表面要有涂层保护,以避免受紫外线照射、防止加速基体的老化,一般用聚氨酯漆进行涂层保护。

3.2.2　桨毂设计

桨毂是旋翼的安装支撑结构,用于实现桨叶的安装、传动和控制功能。在旋翼桨叶工作过程中,产生的各种载荷均传递到桨毂上。同时,桨毂还需将发动机的功率和运动传递到桨叶,驱动桨叶正常运动,实现桨叶的挥舞和摆振运动。桨叶的挥舞、摆振、扭转运动自由度之间存在复杂的耦合关系(包括结构、气动、惯性、几何运动等不同性质的耦合),对旋翼动力特性、动力稳定性和动力响应等产生不同的影响。直升机的大部分控制操作是通过对桨叶的变距操作来实现的。桨毂结构还需要将直升机的操纵指令准确传递到桨叶,控制桨叶按指定规律运动。因此,桨毂的设计是直升机设计中最为关键也是最为复杂的部分[26]。

1. 桨毂结构形式选择

常见的桨毂结构形式有铰接式、无铰式和无轴承式等。其中,铰接式旋翼又分为全铰接、跷跷板、万向铰和柔性铰等形式。在进行桨毂的结构形式选择时,应在总体设计技术要求下,尽可能降低研制风险和成本,最大限度地利用成熟技术,根据所设计直升机的类型特点和性能要求选择动力性能匹配、技术可行的结构形式。

(1)全铰接式桨毂具有完整、独立的水平铰(挥舞铰)、垂直铰(摆振铰)和轴向铰(变距铰)结构,如图3-27所示。这种桨毂旋翼的各片桨叶,通过水平铰、垂直铰及轴向铰与桨毂中央壳体相连接。桨叶在挥舞和摆振方向都是根部铰支,而在扭转方向(变距方向)则由变距拉杆和桨叶变距摇臂与自动倾斜器连接,属于带弹性约束的根部铰支情况。部分直升机还采用将水平铰与垂直铰重合布置的结构形式。

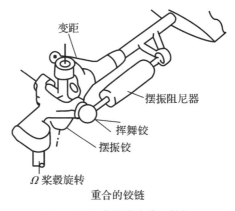

图3-27 全铰接式桨毂结构

(2)跷跷板式桨毂是通过桨毂将两片桨叶连在一起的一种旋翼结构形式,如图3-28所示。两片桨叶共用一个中心挥舞(水平)铰,没有摆振铰(垂直铰)。桨叶各自有变距铰(轴向铰)。

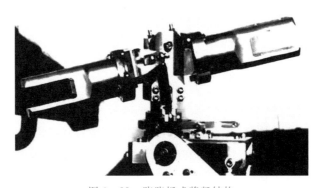

图3-28 跷跷板式桨毂结构

(3)万向铰式旋翼是跷跷板式旋翼的另一种形式。除桨叶各自具有变距铰外,连成一体的两片桨叶共享一个悬挂式挥舞铰,连接方式和工作特点与跷跷板式不同,桨叶的周期变距是绕 $a-a$ 铰转动,而不能绕其轴向铰转动。如图 3-29 所示,万向铰式桨毂可以连接任意片数的桨叶,桨叶安装在一个与桁架相连接的转轴上,通过桁架将各片桨叶连接在一起,由桁架确定旋翼桨盘平面,桁架以万向铰形式连接在旋翼轴的顶端。

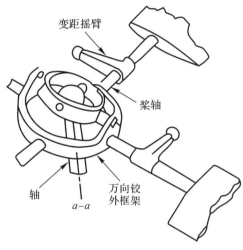

图 3-29　万向铰式桨毂

(4)柔性铰旋翼桨毂结构取消了常规机械铰链,桨毂结构是以金属片与橡胶材料硫化而成的。桨叶挥舞和摆振运动,在桨叶根部均为弹性约束;除变距运动外,还附加了弹性轴承扭转变形约束。星形柔性铰旋翼和球柔性铰旋翼是两种典型的柔性铰旋翼结构。柔性铰旋翼桨毂结构网如图 3-30 所示。

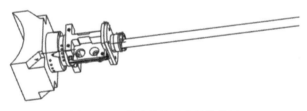

图 3-30　柔性铰旋翼桨毂结构网

(5)星形柔性铰旋翼桨毂由中央星形件、球面弹性轴承、黏弹减摆器、夹板等组成。球面弹性轴承提供桨叶的工作运动自由度,并承受桨叶传来的所有载荷,起到挥舞铰、摆振铰和轴向铰的作用。离心力通过上、下夹板传递给球面弹性轴承,球面弹性轴承再以受压的形式传递到中央星形件上。星形件在挥舞方向是柔性的,挥舞剪力和挥舞弯矩通过夹板传到球面弹性轴承中心,使球面弹性轴承产生剪切弹性变形,再将载荷传递给中央星形件。在摆振面内,黏弹减摆器提供阻尼和弹性约束。摆振剪力和摆振弯矩通过对应接头传到上、下夹板,一部分载荷通过黏弹减摆器的变形传给星形柔性臂(柔性臂在挥舞面是柔性的,在摆振面内刚度足够大),其余部分再经上、下夹板传给弹性轴承中心处,使球面弹性轴承发生剪切弹性变形,传给中央星形件。铰链力矩使上、下夹板产生扭转变形,并由变距拉杆平衡,同时也使弹性轴承发生扭转变形,上、下夹板和弹性轴承载荷应考虑铰链力矩的作用。

(6)无铰式旋翼没有挥舞铰和摆振铰,只有变距铰,在挥舞和摆振方向是固支的,桨叶与桨毂进行刚性连接。挥舞和摆振运动依靠桨根的弹性变形来实现。

(7)无轴承式旋翼的桨毂结构完全取消了变距铰、挥舞铰和摆振铰。桨叶的变距、挥舞和摆振运动全部由桨叶的弹性变形和桨毂柔性支撑臂来实现,如图 3-31 所示。

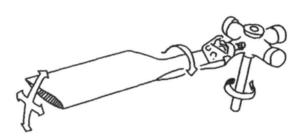

图 3-31　无轴承式旋翼桨毂结构

2. 桨毂力学特性分析

(1)全铰接式旋翼。全铰接式旋翼的桨叶离心力经过桨毂上的三个铰传递到桨毂中心,各个桨叶的离心力在桨毂中心互相平衡。在挥舞面内,挥舞弯矩在水平铰处为零,水平铰以内部分承受由水平铰支反力产生的剪力和弯矩。在摆振平面内,桨毂垂直铰以外部分承受摆振力矩和摆振剪力。桨叶产生的铰链力矩由变距拉杆平衡,并传给自动倾斜器。轴向铰一般通过推力轴承传递离心力,由两个或两个以上的径向轴承传递弯矩,在确定推力轴承承载能力时,应考虑由推力轴承承担的弯矩。水平铰和垂直铰的轴承一般为径向滚柱轴承,可以承受离心力与弯矩。

全铰接式旋翼桨叶有挥舞、摆振和扭转三个自由度的运动,根部为铰链传动,不需要考虑桨叶的结构耦合,桨叶的固有特性完全按单桨叶的单平面运动来分析。

全铰接式旋翼的挥舞固有特性的基阶模态就是桨叶的零阶模态,即桨叶作刚体挥舞振动模态。当水平铰外伸量为零时,其零阶振型是一条直线,$\bar{\omega}_{\beta1}=1$;当水平铰外伸量不为零时,其一阶振型具有小量的弹性挠曲,$\bar{\omega}_{\beta1}\geqslant1$。水平铰外伸量一般为 2%$R$($R$ 为旋翼半径)左右,最大可以达到 4.7%R,相应的挥舞固有频率 $\bar{\omega}_{\beta1}=1.0\sim1.04$。

全铰接式旋翼的摆振固有特性的基阶模态与挥舞模态相似。桨叶零阶摆振为刚体摆振振动,桨叶弹性变形可以略去不计。一般垂直铰的外伸量为 4%R 左右(3%~5% 之间),其基阶(零阶)摆振固有频率比约为 $\bar{\omega}_{\zeta1}=0.25\sim0.3$。

全铰接式扭转固有特性与挥舞和摆振的情况不同,转速变化时固有扭转频率的改变很小,对基阶(一阶)模态也是如此。影响桨叶扭转固有特性的因素有根部操纵线系的弹性约束和桨叶本身扭转刚度,后者的刚度比前者要大,对一阶扭转固有频率往往是线系刚度起主要作用。通常一阶扭转固有频率比为 $\overline{\omega}_{\phi1}=3\sim6$,二阶扭转固有频率比为 $\overline{\omega}_{\phi1}=10\sim15$,甚至更高。

（2）跷跷板式旋翼。跷跷板式旋翼只有两片桨叶,桨毂与两片桨叶连成一体,共用一个水平铰,没有垂直铰,仍然有轴向铰。对悬挂式结构,为充分使用离心力的卸载作用,桨毂没有结构预锥角,两片桨叶之间上跷一个角度,共享的水平铰比两片桨叶轴线的交点高出一个距离。在设计状态下,由于两片桨叶的合力在交点处于平衡状态,所以水平铰不承受离心力,使载荷得到大幅减轻。

跷跷板式旋翼的每片桨叶没有单独的水平铰,挥舞铰只能通过中心铰链来实现。因为铰支情况的不同,有反对称型（周期型）和对称型（集合型）两种类型的振型和模态频率,如图 3-32 所示。

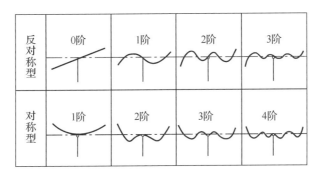

图 3-32　跷跷板式旋翼挥舞振型和模态

反对称型振型的两片桨叶变形正好相反,在铰支处的约束为零。而对称型振型的两片桨叶具有相同的变形。为减小桨叶挥舞时因气动载荷引起桨叶过大的弹性振动,设计过程中必须使集合型振型避开偶数阶谐波气动力,使周期型振型避开奇数阶谐波气动力,以免发生共振。对于跷跷板式旋翼的桨毂设计,通常情况下设有结构锥度角,利用桨叶离心力的卸载作用降低或消除气动载荷引起的桨毂根部静弯矩。

跷跷板式桨叶的摆振特性,同样具有反对称型（周期型）与对称型（集合型）两种情况,各阶挥舞情况与振型模态正好相反。每 1Ω 频率的科氏（Coriolis）力就会对直升机体产生频率约为 2Ω 的水平激振力,成为直升机严重的振动来源。为了降低旋翼传给机体的二阶谐波振动,需要严格控制桨叶固有频率远离 2Ω,还必须采取必要的隔振措施。

跷跷板式旋翼构造简单,改善了轴承受力,不会发生地面共振。但水平铰外伸量为零,失去了桨毂力矩,旋翼的操纵功效和角速度阻尼比全铰接式旋翼差,只适用于轻型及中型直升机。

（3）柔性铰式旋翼。柔性铰式旋翼桨叶的动力学特性介于全铰接式旋翼与无铰式（无轴承式）旋翼之间。桨叶根部弹性轴约束刚度的作用,可以提高挥舞一阶（基阶）固有频率,从而加大了桨毂力矩。对于星形柔性旋翼,当量挥舞铰外伸量为 $3.86\%R$ 时,一阶挥舞固有频率上升为 $\overline{\omega}_{\beta1}=1.038$,并且桨毂力矩也增加 23%。同样情况下的摆振一阶固有频率为 $\overline{\omega}_{\varepsilon1}=0.6$,与一般无铰式或无轴承式旋翼的摆振固有频率十分接近。对于桨根带有弹性约束的柔性旋翼,根部可能出现较大的结构耦合,通过建立桨叶根部的分析模型对挥舞-摆振-扭转耦合进行分析。将弹性轴承、黏弹阻尼器及操纵线系等的约束刚度,作为桨叶根部的有效支持条件,一般采用单平面计算与全耦合计算进行对比分析后,最终确定桨叶的动力学固有特性。柔性旋翼一般带有结构预锥角,以降低旋翼桨叶拉力所引起的静弯矩。

(4)无铰式旋翼和无轴承式旋翼。无铰式旋翼和无轴承式旋翼在动力学方面的特点是相似的。无铰式或无轴承式旋翼没有垂直铰,在旋转平面内会有较大的一阶谐波科氏力,使桨根发生较大的交变弯矩。在设计中必须使摆振一阶固有频率与激振力谐波保持足够的距离,工程中一般采用两种设计方法:一种是"摆振柔软"设计,使 $\bar{\omega}_{\epsilon1}$ 处于 0.6～0.7;另一种是"摆振刚硬"设计,使 $\bar{\omega}_{\epsilon1}$ 处于 1.4～1.5。无铰式或无轴承式旋翼的动力稳定性比全铰接式复杂得多。由于一般没有减摆器,摆振模态阻尼较小,容易发生摆振为主的不稳定振动。这两种旋翼的气弹不稳定性有变距-摆振、变距-挥舞、挥舞-摆振和挥舞-摆振-变距耦合气弹不稳定性问题,这些结构动力学的强烈耦合效应是无轴承式或无铰式旋翼动力学设计的基本特征,不仅影响旋翼系统的动力稳定性,还影响到全机的飞行动力特性。

无铰式或无轴承式旋翼的操纵功效和角速度阻尼约为全铰接式旋翼的 4～5 倍。无铰式旋翼对直升机重心力矩的增加,客观上提高了直升机的机动性能和跟随性,改善了直升机的驾驶品质。无铰式或无轴承式旋翼的动力响应问题较为突出,由于操纵力矩大,旋翼的疲劳载荷加大。旋翼的动应力与无人直升机的平衡及操稳直接相关,在机动飞行时旋翼会产生应力过大的风险。同时,交变弯矩沿桨叶半径的分布规律与铰接式差别较大,对于桨叶根部,无铰式或无轴承式的交变弯矩比全铰接式大得多。

无铰式及无轴承式旋翼挥舞特性的基阶模态都为一阶,根部均为固支,桨叶基阶模态的弯曲变形集中在根部,根部以外的桨叶基本上是直线,所以这两种旋翼一阶模态弯矩根部最大,如图 3-33 所示。

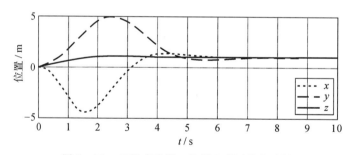

图 3-33　无铰式旋翼一阶模态弯矩分布示例

对无铰式及无轴承式旋翼还常采用"当量铰"模型处理。用一个等效的带弹性约束的铰接式旋翼代替所分析的旋翼结构,当量铰的位置可以由桨叶模态直线段的延长线来确定,也可以取根部柔性组件(如球面弹性轴承)的中点,如图 3-34 所示。无铰式及无轴承式旋翼在额定转速时的挥舞一阶固有频率比一般为 $\bar{\omega}_{\beta1}=1.08～1.15$,相应的当量挥舞(等效)铰外伸量约为 $(11\%～21.5\%)R$,固有频率及当量水平铰外伸量的大小则主要取决于根部结构的挥舞弯曲刚度。

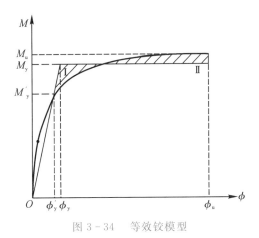

图 3-34　等效铰模型

3. 桨毂参数选择

桨毂几何参数包括桨毂半径、垂直铰外伸量、水平铰(或当量铰)外伸量、预锥角、预掠角、上下限动角、前后限动角和摇臂旋转平面节点布置。

(1)桨毂半径主要取决于结构尺寸和运动协调条件。减摆器位置由减摆器力臂和运动协调确定。

(2)水平铰外伸量的取值应满足角速度阻尼、装配协调、运动协调、旋翼操纵功效和质量限制要求。

(3)垂直铰外伸量直接影响桨叶绕垂直铰的摆振固有频率和桨毂重量,从桨毂结构设计考虑,只要能满足运动协调、结构装配,垂直铰外伸量应尽量小,保证桨毂结构紧凑、质量小。从桨叶绕垂直铰的摆振固有频率考虑,垂直铰外伸量应尽可能大,使旋翼出现地面共振的不稳定中心区转速增加,满足空中共振和地面共振所需的结构阻尼可以减小。

(4)摇臂旋转平面节点布置,主要由桨毂水平铰外伸量、桨叶挥舞调节系数和桨叶变距半径决定。桨叶挥舞调节系数应根据直升机驾驶品质和旋翼动力学特性、自转特性以及受力状态等综合确定。当桨叶铰链力矩为最大值时,应把变距摇臂半径和变距拉杆轴线之间的夹角尽可能设计成直角,增大变距拉杆力臂,使拉杆载荷最小。当桨叶总距为最小值时,变距摇臂半径和变距拉杆轴线之间的夹角最小,变距拉杆力臂最小,此时拉杆也可能产生较大载荷,设计时必须校核这种情况。

(5)预锥角的设计目的是增大桨叶离心力的卸载作用,减小桨毂根部的静弯矩,提高结构使用寿命。预锥角的大小根据挥舞角的设计需要进行确定,即

$$\beta = \frac{nG}{kF} \tag{3-1}$$

式中:n 为预锥角设计状态的过载;G 为起飞质量;k 为桨叶片数;F 为桨叶离心力。

(6)桨毂预掠角(或水平铰前置量)的设计目的是减小桨叶后摆角,减小桨毂根部的附加静弯矩,保证减摆器能在适当的范围内运动,防止因桨叶后摆静位移过大而导致减摆器损

坏。预掠角的计算模型如图 3-35 所示,可表示为

$$\delta_0 = \frac{P}{km\omega^2 L} \tag{3-2}$$

式中:P 为旋翼需用功率;ω 为旋翼转速;L 为水平铰外伸量;k 为桨叶片数;m 为桨叶绕水平铰静矩。

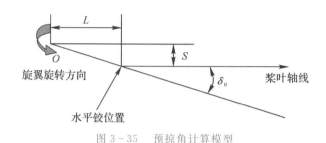

图 3-35   预掠角计算模型

(7)上限动角是保证桨叶在任何状态下不发生由突风等原因引起桨叶过大挥舞所导致的翻转,同时保证在正常工作状态下有足够的间隙,防止与上限动器发生碰撞。上限动角一般不大于 30°。

(8)下限动角是保证旋翼在停机状态和小转速状态下,不会因地面突风扬起而与尾梁发生碰撞,同时保证在正常工作状态下,有足够的间隙而不与限动器发生碰撞。工作时下限动角通常为 -6°,静止时通常为 -1°~-2°。

(9)前限动角是防止旋翼在非正常工作状态下产生过大的前摆角。

(10)后限动角是防止桨叶非正常启动状态下桨叶发生过大的后摆角。

(11)当量水平铰是针对桨叶根部有挥舞弹性约束的结构形式,人为虚拟地水平铰。其主要取决于挥舞弹性约束与桨毂支撑臂、桨叶根部(对无铰旋翼)的挥舞弹性刚度大小。

桨毂特性参数包括支臂结构特性参数和动力学特性参数。

旋翼挥舞一阶固有频率是旋翼设计动力学总体指标之一。挥舞一阶频率过高,根部载荷就会过大;频率过低,就不能够保证飞行品质要求。挥舞一阶固有频率的工程计算式为

$$\bar{\omega}_{\beta 1} = \frac{\omega_{\beta 1}}{\Omega} = \sqrt{1 + \frac{em}{I} + \frac{k_1}{I\Omega^2}} \tag{3-3}$$

式中:I 为桨叶绕弹性轴承中心惯量;e 为弹性轴承球心外移量;m 为桨叶绕弹性轴承中心静矩;k_1 为绕水平铰的弹性约束刚度;$\omega_{\beta 1}$ 为桨叶挥舞一阶固有频率;Ω 为旋翼转速。

旋翼摆振一阶固有频率也是旋翼动力学总体参数指标之一。为了避免直升机空中及地面共振,摆振一阶固有频率应尽量大一些,以减小对结构阻尼的要求。但是,固有频率的增大会增加桨毂根部的载荷。摆振一阶固有频率工程计算式为

$$\bar{\omega}_{\varepsilon 1} = \frac{\omega_{\varepsilon 1}}{\Omega} = \sqrt{\frac{em}{I} + \frac{k_3}{I\Omega}} \tag{3-4}$$

式中:I 为桨叶绕弹性轴承中心惯量;e 为弹性轴承球心外移量;m 为桨叶绕弹性轴承中心静矩;k_3 为绕垂直铰的弹性约束刚度;$\omega_{\varepsilon 1}$ 为桨叶摆振一阶固有频率;Ω 为旋翼转速。

3.2.3 尾桨结构设计

尾桨结构形式主要有铰接式尾桨、无轴承式尾桨和涵道式风扇尾桨等。铰接式尾桨又分为无摆振铰式尾桨、跷跷板式尾桨和万向铰式尾桨等[27]。

(1)跷跷板式尾桨构造简单、紧凑,重量轻,通常用于轻型直升机的尾桨设计。两片尾桨桨叶共享一个中心水平(挥舞)铰,没有垂直铰,有轴向铰(当量变距铰)。与跷跷板式旋翼不同,跷跷板式尾桨一般没有结构锥度角,这是由于使拉力与离心力平衡所需的结构锥度角很小,并且是为兼顾功率状态和悬停状态方向相反的基本特性而考虑的。图 3-36 所示为跷跷板式尾桨,图 3-37 所示为双跷跷板式尾桨。

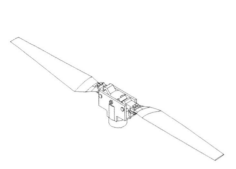

图 3-36　跷跷板式尾桨

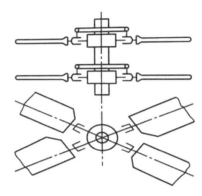

图 3-37　双跷跷板式尾桨

(2)万向铰式尾桨结构与双跷跷板式尾桨相似,尾桨轴通过十字铰与桨毂壳体连接,三叶万向铰桨毂壳体以三个轴承分别与三组变距铰轴承等组成三个变距铰,尾桨叶连接在变距铰末端的接头上,如图 3-38 所示。

(3)无摆振铰式尾桨多用于三叶及以上桨叶的直升机尾桨,如图 3-39 所示。这种尾桨桨毂结构复杂,布置有数量较多的轴承,摆振面受力严重,结构质量大,使用维护也不方便。

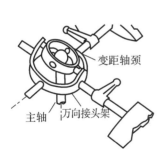

图 3-38　万向铰接式尾桨

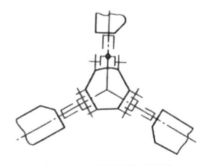

图 3-39　无摆振铰式尾桨

(4)无轴承式尾桨的桨毂和桨叶都是复合材料结构,由复合材料结构桨根区域的弹性变形来实现尾桨叶的挥舞、摆振和变距运动。桨毂由复合材料板构成,构造简单实用,如图 3-40 所示。

(5)涵道式风扇尾桨由风扇和涵道组成,整体安装于垂尾内部,除风扇产生拉力外,涵道壁上还产生吸力(转换成相当的推力)。大桨距的情况下,涵道产生的推力大约占了整个尾桨推力的一半。涵道式风扇尾桨在结构上不需要水平铰和垂直铰,只有总距操纵,桨毂的受力状态与无铰式尾桨相似,如图3-41所示。

图3-40　无轴承式尾桨结构　　　　　　　图3-41　涵道式风扇尾桨

尾桨桨叶的设计可以沿用主桨桨叶设计的基本方法,尾桨自身的设计特点包括:尾桨直径小,尾桨挥舞产生的锥度角偏小,桨叶挥舞运动引起的科氏力不大,尾桨一般只有总距操纵,不设计变距操纵机构,尾桨桨叶一般不带预扭角,等等。

尾桨桨叶主要分为金属桨叶和复合材料桨叶两种形式。金属桨叶的结构分为翼肋、蜂窝和泡沫芯等三种形式,通常具有大梁、接头、后段件及桨尖罩等组成部分。大梁多采用铝合金挤压型材加工成形。图3-42所示为尾桨桨叶典型结构。

桨帽组件

桨毂组件

桨叶组件

图3-42　尾桨桨叶典型结构

复合材料桨叶的结构组成与金属桨叶类似。桨叶大梁的剖面以C形梁单闭腔结构占多数。利用复合材料的可设计性,可以使桨叶的刚度、质量和强度等结构性能趋于最优。

3.2.4　旋翼操纵系统设计

直升机平台在6个空间自由度的飞行控制与姿态控制,都是通过对旋翼和尾桨的操纵来实现的。旋翼与尾桨的操纵主要包括主旋翼总距操纵、主旋翼周期变距操纵、尾桨总距操纵三种形式。

(1)主旋翼的总距操纵是指等量改变所有主桨叶的桨距角,从而改变旋翼有效力的操纵过程。在进行总距操纵的同时一般要同步改变发动机的转速,增大发动机的输出功率,以满足由总距增大时诱导阻力增大而带来的需用功率增大的要求。在现代无人直升机上,一般使用数字计算机控制系统对发动机的功率状态与总距变化状态进行精确的协调控制。

(2)主旋翼的周期变距操纵是使向主旋翼在前、后、左、右及各方向组合的方向上倾斜的操纵过程,通过旋翼倾斜使旋翼有效力在倾斜方向产生分量,从而改变直升机在该方向的运动状态。主旋翼的倾斜通过使旋翼各桨叶在旋转运动过程中周期性地改变桨距的大小,使桨叶在运动圆周的不同部位产生周期性的向上和向下运动,从而使旋翼在总体上表现出向某一方向倾斜的状态。

(3)尾桨的总距操纵是通过改变尾桨所有桨叶的桨距角,使得尾桨产生的拉力大小发生变化,来平衡主旋翼反扭矩的变化或使直升机实现偏航方向上的机动。由于偏航操纵只需尾桨拉力大小发生变化,所以对尾桨只进行总距操纵,不进行周期变距操纵。

在传统有人直升机的座舱内设置了总距杆、周期变距杆和脚蹬,分别对旋翼和尾桨的总距和周期变距实现操纵。在飞行员座舱至旋翼和尾桨之间,有复杂的机械传动装置将飞行员的操纵动作传递到旋翼和尾桨上。无人直升机系统一般采用数字式计算机控制技术,在旋翼和尾桨的变距操纵机构上直接安装伺服驱动倾斜盘机构/叉形件机构。倾斜盘机构用于主旋翼的操纵,叉形件机构用于尾桨的操纵。倾斜盘主要由固定倾斜盘(又称定盘、不动环、不旋转环)和旋转倾斜盘(又称动盘、动环、旋转环)两部分组成。旋转倾斜盘位于固定倾斜盘的外圈,能够绕固定倾斜盘自由转动,两者之间通过轴承连接在一起。固定倾斜盘的内圈安装球形轴承,用于与旋翼主轴相连。在固定倾斜盘上,沿周向对称分布与操纵驱动器输出杆和固定防扭臂(又称防扭臂)相连的安装结构接口,一般为 3 个驱动器输出杆接口、1 个固定防扭臂连接接口。在旋转倾斜盘上,沿周向对称分布与旋翼变距拉杆和旋转防扭臂(又称扭力臂、带转臂)相连的安装结构接口,变距拉杆接口的数量与旋翼桨叶的数量相等,旋转防扭臂数量一般为 1 个。典型倾斜盘结构组成如图 3 - 43 所示。

图 3 - 43　典型倾斜盘结构组成

如图 3 - 44 所示,固定倾斜盘通过球形轴承与旋翼主轴相连,球形轴承与旋翼主轴之间安装滑动轴套,使得倾斜盘可以沿旋翼主轴上下移动。固定倾斜盘通过外圆周上分布的连接接口与操纵驱动装置输出杆及固定防扭臂相连接,操纵驱动装置输出直线运动。推动固定倾斜盘产生两种运动模式:沿旋翼主轴上下运动、以轴承为中心倾斜一定的角度。固定防扭臂固定于主旋翼传动轴的固定点上,其作用是防止固定倾斜盘在旋转倾斜盘的带动下绕旋翼主轴产生旋转运动。旋转倾斜盘在随固定倾斜盘运动的同时,通过旋翼变距拉杆推动旋翼实现变距运动,旋转防扭臂与旋翼转轴相连,带动旋转倾斜盘与旋翼保持同步旋转运动,如图3-45所示。

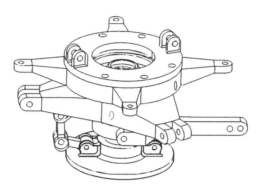

图3-44 倾斜盘组成

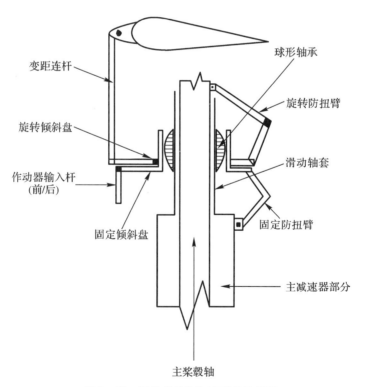

图3-45 倾斜盘安装连接原理示意图

当需要进行总距操纵时,各操纵驱动机构同时输出等量的直线位移,使倾斜盘整体沿旋翼主轴上移或下移,旋转倾斜盘通过变距拉杆使每片桨叶产生相同的桨距变化,从而实现旋翼有效力的大小改变。总距操纵示意图如图 3-46 所示。

进行周期变距操纵时,各操纵驱动机构输出不同的位移量,使倾斜盘整体发生一定角度的倾斜,旋转倾斜盘的旋转平面发生倾斜,使得各变距拉杆在随旋转倾斜盘绕旋翼主轴旋转时,能够按照倾斜盘倾斜的角度使旋翼桨叶的变距角发生周期性变化,实现周期变距操纵。周期变距操纵示意图如图 3-47 所示。

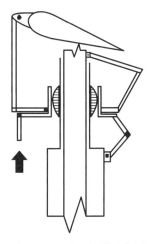

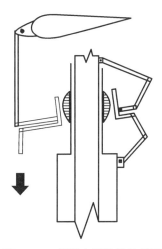

图 3-46　总距操纵示意图　　　　　图 3-47　周期变距操纵示意图

进行倾斜盘的设计时,应重点注意各部件间轴承连接配合精度的选取和设计,使倾斜盘能够精确传递控制系统的操纵信号。倾斜盘承受的载荷都比较大,一般选用钢、钛或铝合金作为制造材料。

固定防扭臂和旋转防扭臂一般包括两个相似形状的扭力连接臂,中间通过轴承进行连接(见图 3-48),在承受倾斜盘之间相互旋转运动的扭力载荷的同时,保证倾斜盘操纵动作的正常执行。

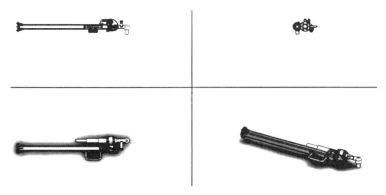

图 3-48　防扭臂结构示意图

操纵驱动器输出杆、变距拉杆和防扭臂都是通过耳轴的方式与倾斜盘连接的。图 3-49 所示为一种典型的耳轴结构形式。连接变距拉杆等部件时,通过一根螺栓穿过耳轴中间的轴承,允许有一定的径向间隙。耳轴本身又安装在倾斜盘连接臂内的一组轴承上。这些轴承都允许耳轴有少量的角度变化,因而使得和耳轴相连的部件在任何方向都有一定的自由度,防止倾斜盘偏转时在连接部件上产生应力。

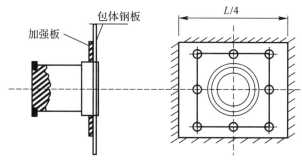

图 3 - 49　耳轴结构形式

为了能够在不断开连接的情况下进行长度调节,需要将变距拉杆两端的连接件以正反螺纹的形式安装在变距拉杆上,并设计锁定装置。变距拉杆结构组成示意图如图 3 - 50 所示。

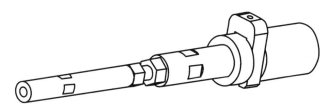

图 3 - 50　变距拉杆结构组成示意图

尾桨的变距操纵主要采用叉形操纵系统,其作用原理与倾斜盘系统完全不同。桨叶桨距角的变化是通过安装在一个滑动轴套内的垂直心轴来驱动的,垂直心轴通过叉形臂与尾桨桨叶相连,心轴和轴套能够在尾桨传动轴内滑动,并且在垂直心轴内随桨叶一起转动,通过设计转动件和非转动件之间的连接实现对总距的变化控制。

3.3　尾梁结构分析

3.3.1　典型尾梁结构形式

尾梁是用来支撑尾减速器、中减速器及固定下垂尾或斜梁、水平安定面的结构部件,承受作用在下垂尾(或斜梁)和水平安定面的气动载荷,同时还承受旋翼反扭矩、尾桨推力以及中减速器的扭矩。

对于前三点式起落架,通常在尾梁后部装有尾撑或尾橇;对于后三点式起落架,一般将后起落架安装在尾梁上。因此,尾梁还要承受尾撑(或尾橇)或者后起落架着地时产生的冲击载荷。

尾梁的典型结构形式有桁架式、半硬壳式、桁梁式、夹层结构、复合材料缠绕结构和等截面管材结构等。

　　(1)桁架式结构是最早使用的尾梁结构形式。如图 3-51 所示,其使用钢管焊接或铝管螺接而成,必要时外部用薄蒙皮保持外形,适用于中小型直升机[28]。

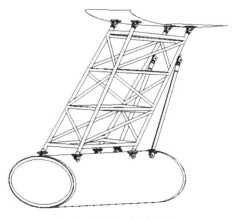

图 3-51　桁架式尾梁

　　(2)桁梁式尾梁结构由纵向构件和横向构件组成。纵向构件有长桁、梁,在转角承力较大的部位设置梁,其余地方采用长桁构件;横向设置若干框,由铝合金构成薄壁整体桁梁式结构。桁梁式尾梁结构适用于中型或重型直升机。

　　(3)半硬壳式尾梁结构适用于轻型直升机。如图 3-52 所示,其只用一层铝板卷成一个圆锥形并截去尾部,设计若干锥形框和对接框,除纵向连接传动轴整流罩设置两根纵向型材外,不设置其他纵向构件。蒙皮厚度一般为 0.8~1 mm,局部用 1.5 mm。这种结构形式简单、成本低,但重量代价较大。

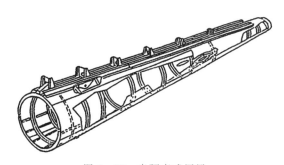

图 3-52　半硬壳式尾梁

　　(4)夹层结构是随着复合材料的发展而出现的一种尾梁结构形式,主要采用芳纶纸蜂窝做夹芯,面板既可以用薄铝板或铝箔,也可以用碳纤维布、芳纶或玻璃布铺成。夹层板重量轻、成本低、耐久性好,是一种较为流行的新型直升机尾梁结构。在夹层板设计中,开口或镶嵌连接件是不可避免的。图 3-53 和图 3-54 所示为典型的夹层板和镶嵌连接件设计示例。

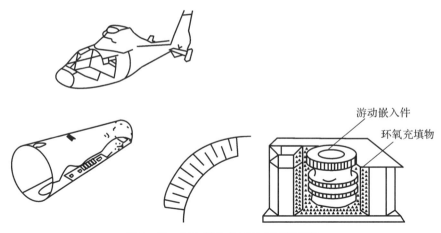

图 3 - 53　复合材料夹层板式尾梁结构

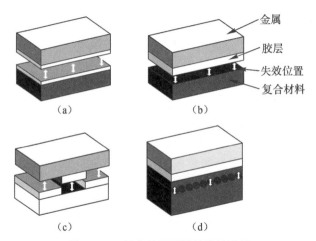

图 3 - 54　复合材料镶嵌件设计示例

（5）除上述尾梁结构形式外，还有复合材料缠绕结构、等截面管材结构等尾梁结构形式。复合材料缠绕结构是俄罗斯卡莫夫设计集团常采用的一种结构形式，使用无纬带（玻璃纤维或碳纤维）缠绕式结构，具有重量轻、刚度好和工艺性好等特点。等截面管材结构，可直接使用管材作为直升机尾梁，一般在超轻型直升机上采用。

一般还需要在尾梁的上部安装传动轴，为了保护传动轴正常工作，还设计有尾梁整流罩。整流罩为非承力构件，一般为薄蒙皮加筋或夹层结构形式。整流罩通过铰链和快卸锁进行固定，以便于维护。

3.3.2　尾梁安装结构设计

尾梁设计时，为了气动平衡的需要，通常将尾梁设计得比较长，即设计细而长的壳体，尽管载荷不大，但力臂很长，会产生很大的弯曲力矩和扭转力矩，加上尾梁与机身对接部位一般是截面明显变化的区域，对尾梁根部受力非常不利。实际使用表明，尾梁根部蒙皮和长桁组成的板块容易出现受压失稳,并最终导致全机破坏。设计时应在承压一侧增加蒙皮厚度、蜂窝密度或加密长桁来解决这一问题。尾梁还承受尾桨产生的交变载荷,因此必须考虑疲劳问题,在设计时注意,尾梁的固有频率应避开尾桨频率。尾梁一般处在发动机后部,要注意温度场对尾梁的影响,根据发动机工作温度的高低来选择材料。

尾梁与中机身有一个设计分离面,在设计、工艺生产和维护使用过程都需要使用。多数情况下,将该分离面设计为平面与平面结合,通过若干螺栓连接。其位置主要取决于机身外形的设计,通常是在外形急剧变化的部位。对外形光滑过渡的尾梁,则根据设备布置和结构布置要求来确定安装位置。分离面处应该有足够的电搭接点,防止电流的积聚。

根据外形设计和全机结构布局综合考虑,尾梁与机身的对接方式主要有三种:均匀分布传力方式、集中传力对接方式、集中传力与均匀分布相结合方式。

(1)均匀分布传力方式是将尾梁的载荷通过几何间距均匀分布、直径大小相同的螺栓传递给机身的方式,俗称围框式结构。采用这种方式的好处是利用对接框有效的传递载荷,适用的尾梁结构外形较为规则,最好采用圆形对接框的结构。均匀分布式连接结构不适合桁梁结构式尾梁和载荷集中传递的尾梁结构。图 3-55 所示为均匀分布式尾梁连接结构,对接框截面为圆形,多个螺栓沿圆周均匀分布,左右利用导向销做定位和安装导向。

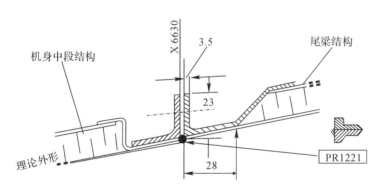

图 3-55　均匀分布式尾梁连接结构

(2)集中传力对接方式是尾梁和机身都是梁式结构,尾部载荷通过蒙皮集中传到梁上,再由梁通过连接接头的螺栓传递到机身上的方式。采用这种连接方式的好处是充分利用了梁的承力特性,大大减少了连接螺栓数量,降低了装配工作量。但连接框没有得到充分利用,需要设计一个参与承力的过渡段,重量上有损失。如图 3-56 所示,尾梁采用桁梁结构,截面外形为三角形,三角形顶点位上布置梁,用于承受主要载荷,并通过三个对接点进行连接。

(3)集中传力与均匀分布相结合的混合连接结构方式,是根据机身及尾梁的结构与截面形状进行布置。在截面不规则处,布置能够承受集中力的主承力件,如大梁等;规则部位则布置长桁等结构将力分布进行传递,形成集中力和分布力互补的结构形式,减轻结构重量。如图 3-57 所示,在对接框下缘的锐角拐角处布置较强的承力结构件,并使用 M12 螺栓进行连接。连接框上部,布置较弱的结构件,并用多个 M6 螺栓进行连接,实现载荷分布。

图 3-56　尾梁安装结构

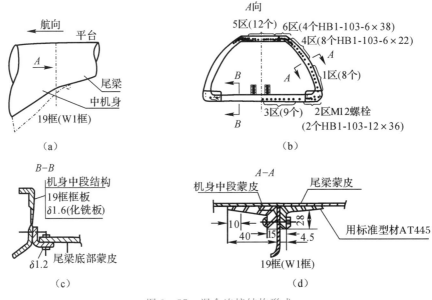

图 3-57　混合连接结构形式

3.4　尾翼结构分析

如图 3-58 所示，直升机尾翼包含垂直安定面和水平安定面，部分直升机还有侧垂直安定面和下垂尾。垂直尾翼（垂尾）主要承受尾桨产生的侧向力和气动载荷。垂尾一般由纵向梁和横向的肋构成封闭盒段，承受和传递扭矩、剪力和弯矩。尾桨传动轴一般安装在前梁上，并使用整流罩进行整流。

图 3 - 58　直升机尾翼

　　垂尾和平尾安装在直升机尾梁的末端。垂尾在直升机设计结构中又称为斜梁。有时为了满足气动需要，抬高平尾的安装位置，使其安装在垂尾上部。尾梁与斜梁的连接较为复杂，形式多样。由于尾梁与斜梁之间有一夹角，连接部位处于应力集中区，如何减少应力集中和有效传递载荷减轻结构重量，是连接设计的关键。

　　在设计过程中，可以采用在尾梁与斜梁之间设置分离面或不设置分离面两种思路实现设计。

3.4.1　尾翼结构形式

　　垂直尾翼的结构形式主要是桁梁式和复合材料夹层结构，如图 3 - 59 所示。桁梁式结构通过梁和侧壁构成完整的扭力盒。复合材料夹层结构是新型的垂尾结构形式，可以省去较多的肋和紧固件。

　　水平尾翼（平尾）的平面形状有梯形带后掠角、矩形、平行四边形等多种形式。安装位置可以在尾梁上或垂直安定面上，或者在斜梁上与尾桨对称安装。平尾包括可操纵和不可操纵两种形式，对不可操纵的平尾一般需要通过地面调整确定平尾安装角度。平尾一般采用梁式结构，纵向使用梁或樯作为承力件，横向设计若干肋维持翼剖面形状，纵向和横向构件组成承力盒段，传递弯矩、扭矩和剪力。如图 3 - 60 所示，可操纵平尾一般通过圆形管梁与尾梁或上垂尾相连，这样平尾能够自由转动，管梁一般布置在平尾焦点轴线处，或偏后的部位[29]。

图 3 - 59　垂尾结构

图 3 - 60　平尾结构

3.4.2　尾翼安装结构设计

尾梁与斜梁之间采用设计或工艺分离面的设计方式,适用于尾梁外形能够设置规则分离面或者尾梁需要折叠的情况。如果尾梁外形有规则分离面,则在此处将尾梁分为两段,前段为规则结构件,后段则与斜梁进行整体设计,如图 3 - 61 所示。

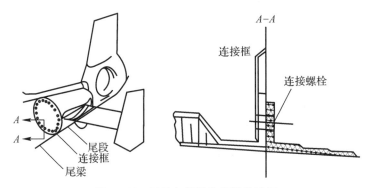

图 3 - 61　尾梁与斜梁分离设计示例

带有斜梁而不需折叠的尾梁和斜梁设计通常不设分离面,作为一个整体进行设计。典型的设计是将尾梁用一个斜框与斜梁的前梁固定在一起,根据等强度原则对前梁进行设计,如图 3 - 62 所示。

平尾可安装在尾梁的较低位置处,也可以安装在斜梁的较高位置处。较简单的可操纵平尾通常采用管梁来实现平尾的转动,通过带摇臂的中间固定管与左右平尾连成一体,随摇臂的操纵而转动,如图 3 - 63 所示。

不可操纵的平尾通常在平尾后缘安装调整片进行调整。对于采用不可操纵平尾的中小型直升机,只需要将尾梁按平尾翼型留出孔位并局部加强,将平尾穿过尾梁后在尾梁两侧各装一个螺栓固定即可。

为了获得更好的气动特性,有的直升机将平尾的安装角设计成可调整的。安装角调整是通过变换平尾根部前缘接头上的插孔位置来实现的。

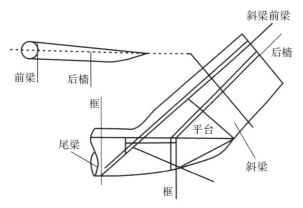

图 3 - 62　尾梁与斜梁梁体设计示例

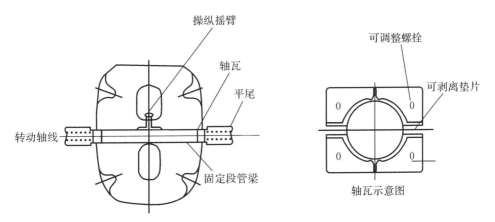

图 3 - 63　可操纵平尾安装结构设计示例

3.5　起落装置主要承力结构

起落装置是直升机用于起飞、滑行、着陆和停放的专门装置,常见形式有滑橇式、浮筒式和轮式等。对于中小型的无人直升机平台,由于其飞行速度较低,一都采用固定式起落架[30]。

起落装置的设计参数主要包括停机角、自转后倾角、自转着地角、侧罩角、后罩角、纵向轮距、横向轮距、结构离地最小间隙,如图 3 - 64 所示。

(1)停机角是直升机停机时机身纵轴与地面的夹角,通常为 3°～5°。设置停机角是防止直升机在地面时,旋翼工作产生水平分力,使直升机向前滑动。

(2)转后倾角和自转着地角的设计目的是防止尾桨与地面发生碰撞,一般选取自转后倾角为 8°～12°。

(3)后罩角的设计目的是在自转着陆中主轮或尾橇先着地时,使直升机能够自动恢复到停机状态。一般要求后罩角大于自转后倾角。

（4）纵向和横向轮距的选取首先要考虑直升机地面滑行的稳定性,其次要考虑避免地面共振,确保地面维护及拆卸设备的方便性,并在机体结构允许的条件下进行选取。

（5）直升机停机状态时,起落装置支柱和油液缓冲器处于静态位置,直升机距地面间隙与无人直升机的使用环境必须相适应。轮胎和缓冲器压到底时,推荐结构离地最小间隙为150 mm,轮胎的尺寸必须满足重心不利位置时地面漂浮性的要求。

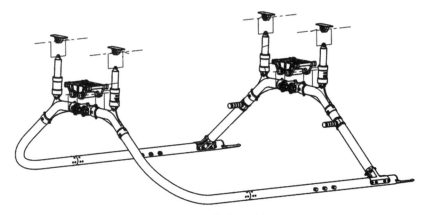

图 3-64 起落装置示意图

通过摆振分析,确定阻尼牵引角和的最佳组合。起落架必须进行地面共振分析,使轮胎、缓冲器的阻尼系数与刚度系数组合后避开直升机共振频率范围。起落装置必须具有足够的刹车能力,保证直升机在要求坡度地形上的停放。起落架的材料一般选强度高、韧性好的材料。

如图 3-65 所示,滑橇式起落装置的主要优点是重量轻、成本低、维护简单方便,但是必须借助辅助轮或小车才能实现地面运动,无法进行滑跑着陆动作。着陆时依靠滑橇的管状或矩形弓形梁吸收能量。当滑橇处在地面静止状态时,机体结构、操纵面或机体外部零件的地面间隙应该不小于 150 mm。

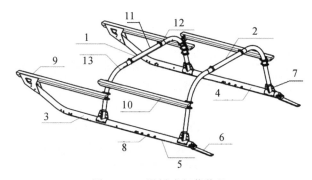

图 3-65 滑橇式起落装置

1—前横管;2—后横管;3—左滑管;4—右滑管;5—防磨片;6—弹簧板;

7—连接件;8—地面拖机轮安装接口;9—登机踏板;10—维护踏板

第4章 结构材料

4.1 先进复合材料及其应用

先进复合材料的应用,对飞行器结构轻型化、小型化、大型化和高性能起着至关重要的作用。先进的复合材料结构具有以下优点:使高性能战斗机的隐身、超声速巡航、过失速飞行控制,以及气动弹性与强度优化组合的前掠翼飞机等得以实现;能够改善舰载攻击战斗机的耐腐蚀性和降低结构质量系数;使直升机结构质量减轻、寿命延长,并且具有隐身的功能。复合材料结构技术现已成为影响飞行器,特别是战斗机、直升机发展的关键技术之一。

复合材料由两种或两种以上不同性质的材料组成,主要组分是增强体材料与基体材料。复合材料不仅保持了增强体、基体两大组分材料本身原有的特点,而且通过各组分材料间的相互补充和彼此关联等复合效应,可以获得各组分材料所不具备的新的优异性能。复合材料是各向异性材料,其结构性能是可以设计的。复合材料结构设计是充分利用复合材料性能的方向性、结构性能的可设计性和大型构件整体成形的良好工艺性以及具有隐身功能等优点,实现结构效率、性能、功能和成本的综合优化。

复合材料的种类很多。复合材料按基体材料的不同可分为树脂基、金属基和陶瓷基三类复合材料;按增强体的形态不同可分为连续纤维增强复合材料、纤维织物增强复合材料、片状材料增强复合材料、短纤维或晶须增强复合材料、颗粒增强复合材料。

现在介绍复合材料的性能和设计特点。

1. 比强度、比模量高

飞机结构上使用的复合材料以碳/环氧复合材料为代表,它具有高的比强度(σ_b/ρ)和比模量(E/ρ),可使飞机的结构重量大幅度减小。表4-1列出了几种单向复合材料与常用金属材料性能的比较。更为先进的碳纤维T800/改性环氧复合材料的比强度可高出铝合金10倍,比模量高出4倍[31]。

2. 各向异性

复合材料是用基体将增强纤维(直径仅为$6\sim10~\mu m$)黏结在一起而成的(见图4-1)。其中高强度、高弹性模量的纤维提供纤维方向(纵向)的拉伸强度和拉伸模量,并在树脂的支持下提供轴向的压缩强度和压缩模量。树脂除了起支持和保护纤维、固定纤维分布、维持构件一定形状的作用外,还提供垂直于纤维轴向(横向)的拉压强度和模量以及剪切强度和模量。由于目前可供选用的树脂性能远低于增强纤维,因此单向复合材料的性能表现出很强的各向异性,即具有很高的纵向强度、弹性模量和很低的横向剪切强度、弹性模量。各向异性显然使复合材料结构的计算分析工作较各向同性材料复杂[32]。

表 4-1 几种结构材料性能比较

材　料	性　能				
	拉伸强度 MPa	拉伸模量 GPa	比强度 MPa/(kg·m⁻³)	比模量 GPa/(kg·m⁻³)	密度 kg·m⁻³
铝合金	393	72.0	141.3	25.9	2.78
钢(结构用)	413	206.0	52.6	26.3	7.85
钛合金	712	116.7	157.5	25.8	4.52
玻璃纤维/ 聚酯复合材料	1 245	48.2	623.0	24.1	2.0
高强度碳纤维/ 环氧复合材料	1 471	137.3	1014.0	94.7	1.45
高模量碳纤维/ 环氧复合材料	1 049	235.0	656.0	146.9	1.60
芳纶纤维/ 环氧复合材料	1 373	78.4	981.0	56.0	1.40

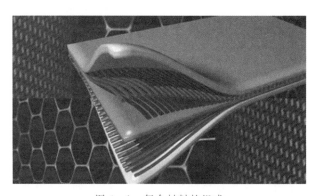

图 4-1　复合材料的组成

3. 材料的可设计性

可选用不同的增强纤维、基体材料、纤维含量以及通过层合板的剪裁设计和应用不同的工艺方法等获得性能不同的复合材料。其中层合板的剪裁设计极为重要。层压复合材料一般由若干层铺设角不同或相同的单层(称之为铺层,是层合板中的最基本单元)叠压加热加压固化而成。设计人员可以选择层板中各铺层的不同铺设角、层数比(层板中具有相同铺设角的铺层数占总层数的比例)和铺叠顺序的组合,设计出具有不同的面内刚度和弯、扭刚度、强度要求的层合板,增加设计的自由度。

4. 层间强度低, 对冲击损伤敏感

就复合材料层合板及其他层压结构而言, 其弱点是层间强度低。层与层之间仅靠层间界面承载, 层间一旦破坏即导致分层, 复合材料可能随即提前失效。

由于层间强度低, 复合材料结构对冲击损伤敏感。若在装配和使用过程中受到冲击, 有时表面可能并没有显示, 不易发现, 但内部已出现分层, 并因此影响构件强度, 尤其对压缩强度有严重影响。

5. 良好的抗疲劳性能

复合材料中存在着不同的相与界面。这些不同的相与界面能减缓和阻止裂纹进一步扩展, 从而推迟疲劳破坏的发生。若发生疲劳破坏, 事先也会有明显的预兆, 不像金属材料那样是突发的。

6. 对湿/热环境较敏感

复合材料吸湿状态下的高温性能, 尤其是树脂基体控制的压缩性能和剪切性能下降明显。目前湿/热环境下复合材料的压缩性能已成为筛选树脂基体的重要依据之一。

7. 复合材料构件的制造特点

与金属零构件的制造工艺不同, 复合材料构件是通过树脂基体以及树脂与纤维之间的界面在构件的成形模具内经加热、加压, 发生物理、化学变化, 固化而成的。制成复合材料的同时也即成形为所需形状、尺寸的构件。

总的来说, 复合材料的成形工艺性好, 可容易地成形出任意型面的构件和用共固化工艺制成整体式结构, 可减少零件和紧固件的数量。

由于以上各点, 复合材料结构在设计时应注意以下两点:

(1)设计人员必须从与各向同性金属材料完全不同的概念出发, 很好地认识复合材料的各向异性特性, 充分利用其性能的可设计性。学会使用与纤维方向相关的特性, 扬长避短, 通过适当的剪裁设计, 按载荷情况和结构性能要求更好地进行优化设计, 提高结构效率。

(2)由于材料形成与结构件成形同时进行和完成, 因此在复合材料结构设计时, 更加强调材料性能、结构设计与分析以及制造工艺三个主要方面的综合协调, 以获得最佳的选材、设计方案和零构件的制造方法, 并尽量降低成本。

4.2 复合材料成型工艺

4.2.1 复合材料结构制造工艺特点

金属材料零构件通常采用机械加工、压延、锻、铸和焊接等工艺方法制造, 零构件经装配或连接成为结构, 材料生产与零构件的制造一般是两个独立的阶段, 结构的成形是经过对材料的再加工来实现的。复合材料零构件的制造与传统金属零构件的制造完全不同。纤维增强树脂基复合材料零构件的制造是材料形成与零构件成形同时完成。在复合材料零构件制造工艺过程中, 伴随着树脂基体和树脂与纤维之间界面发生的物理、化学变化, 树脂基体将纤维牢牢黏结在一起, 同时形成复合材料以及所需的零构件。整个复合材料零构件制造工

艺过程的实施,要求材料、设计和工艺三者密切配合。由于这一特点,复合材料结构的整体性好,可大幅度地减少零构件和连接件数量,从而缩短加工周期,降低成本,提高结构的可靠性。影响复合材料质量的因素较多,几乎每道工序都会影响最终产品的性能。已固化的热固性树脂基复合材料,一旦质量有问题,几乎无法挽救,因此需要有完善的工艺质量控制体系,以确保高的成品率。

复合材料结构成形工艺最早是手工、单件生产,现已过渡到机械化、批量生产。从 20 世纪 80 年代末至今,降低复合材料成本以提高竞争力已成为复合材料工业发展的一个重要方向。树脂传递模型(Resin Transfer Mold,RTM),树脂膜灌注(Resin Film Infusion,RFI)和西曼复合树脂灌注成型工艺(Seeman's Composite Resin Infusion Molding Process,SCRIMP),随同低成本材料技术、低成本模具技术,构成了当今买得起的先进复合材料工程的新格局,为先进复合材料的发展翻开了新的一页。

当前,复合材料成形工艺方法有十几种。随着复合材料工业的迅速发展,新的成形方法在不断涌现。表 4-2 给出的是树脂基复合材料结构成形工艺方法及其分类。用不同的成形方法所获得的结构,在性能和结构效率上均有差异。通常具体结构都有其最佳的成形工艺方法,因此,在设计的初始阶段,就应将成形工艺的选择作为设计的一部分加以考虑。成形方法的选择必须同时满足材料性能、可操作、产品质量和经济效益等的基本要求。

表 4-2 树脂基复合材料结构成形工艺及其分类

纤维预浸成形	纤维预浸渍(预浸料)	热压罐成形
		真空袋成形
		压力袋成形
		软模成形
		模压成形
	纤维在线浸渍	缠绕成形
		电动铺丝束带法
		电子束固化成形
		拉挤成形
预成形件树脂转移成形	树脂面内流动注入预成形件	RTM 及其改进方法
	树脂厚度方向渗透预成形件	RFI
		SCRIMP

注:RTM 的改进方法包括 VARTM(真空树脂模型转移模塑)、TERTM(热膨胀 RTM)等。

4.2.2 复合材料制造工艺方法

1. 复合材料结构成形工艺方法

复合材料结构成形工艺方法多种多样,各有所长。这里仅对几种主要的工艺方法进行简要介绍。

(1)预浸料热压罐成形法。预浸料热压罐成形法(简称热压罐法)是目前广泛应用的先进复合材料结构成形工艺方法。其基本工艺过程是,将预浸料(预先浸渍树脂的单层)按设计要求铺叠在模具上形成构件叠层毛坯,并与其他工艺辅料一起构成真空袋组合系统。用罐体内部均匀温度场和空气压力对复合材料预浸料叠层毛坯施加温度与压力,以达到固化的目的。热压罐法成形的零构件具有均匀的树脂含量、致密的内部结构和良好的内部质量。当前要求高承载的绝大多数复合材料结构件依然采用热压罐成形。热压罐在使用时配套系统较多,投资较大。由于热压罐内部的均匀温度和均匀压力,模具相对比较简单,又适用于大面积复杂型面的蒙皮、壁板、壳体的制造,因此航空航天复合材料结构件大多仍采用该法。

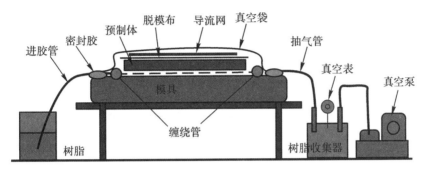

图 4 - 2　热压罐法成形工艺示意图

(2)真空袋成形法。真空袋成形工作原理如图 4 - 3 所示。其主要设备是烘箱、成形模具以及真空系统。本法所需设备简单、投资较少、易于操作。由于真空压力最高只有 0.1 MPa,故该法只适用于厚度在 1.5 mm 以下的复合材料板材以及蜂窝夹层结构的成形。正在研究开发的低成本树脂基体材料,其主要特征是能在 130~150℃下固化,特别是能在 0.1 MPa 即真空压力下固化。这种树脂基体材料无疑能大幅度地降低制造成本。

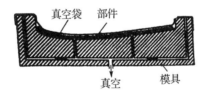

图 4 - 3　真空袋成形原理图

(3)软模成形法。软模成形法是利用膨胀橡胶在一定温度下可控膨胀所产生的压力对预浸料叠层毛坯加压固化的工艺方法。图 4 - 4 是飞机活动翼面成形示意图。这种方法的工艺过程与热压罐法相同,特别适用于复杂复合材料结构的整体成形。其压力源既可采用实心可膨胀橡胶,也可采用能充气的橡胶囊。

(4)纤维缠绕法成形。纤维缠绕法原理如图 4 - 5 所示。该方法要点是连续纤维纱束浸渍树脂后,在张力控制下按预定路径精确地缠绕在转动的模芯上,按一定的规范固化,固化后脱模。纤维缠绕对筒形件,如飞机机身、火箭固体发动机壳体等,具有保持纤维连续性、发挥纤维整体性的优点。

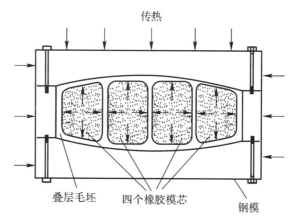

图 4-4 软模成形法翼面成形工艺示意图

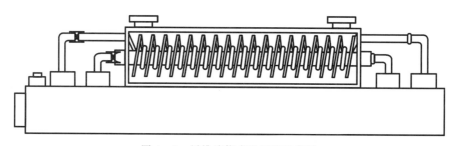

图 4-5 纤维缠绕成形原理示意图

(5)树脂转移模塑(RTM)法。这是一种可不采用预浸料,并在很大程度上不采用热压罐的成形方法。RTM 的成形工艺过程:首先用编织、缝纫或胶粘等方法将增强纤维或织物按结构设计要求制成预成形件,将其置于四周严格密封的模具中,然后注入树脂;树脂在模腔内流动并浸渍预成形件,随着树脂固化,制成复合材料结构。树脂的引入可以通过树脂注射法、树脂反应性注射法、弥撒树脂粉末法等方法实现。图 4-6 是树脂转移模塑成形工艺的示意图。

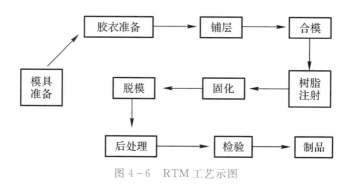

图 4-6 RTM 工艺示图

(6)树脂膜熔浸成形(RFI)工艺。RTM 工艺要求树脂有较低的黏度,而对当今先进复合材料所用的基体树脂,如双马来酰亚胺和环氧树脂,人们虽已积累了大量数据与使用经验,但其多数品种的黏度相当高。为了能充分利用这些现有的优秀树脂,开发了 RFI 工艺。RFI 工艺原理示意图如图 4-7 所示,稠状树脂或固态片状树脂被置于预成形件下面,受热后黏度迅速降低,在真空压力的作用下,树脂沿厚度方向由下向上浸渍预成形件,待完全充填后,升高温度使树脂固化。RFI 工艺方法被认为是目前行之有效的低成本、高质量制造技术。目前,人们正在用此法制造运输机机翼,并已取得良好的进展。

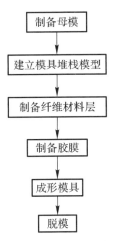

图 4-7 RFI 工艺示意图

4.2.3 复合材料构件的机械加工

成形脱模的复合材料构件,因为工艺与装配的原因需要在零件上开口或进行边缘切割与修磨,所以对其进行切割加工是不可避免的。成形复合材料构件切割加工时,所有的切割边缘都应完整光滑,以避免边缘分层而引发结构提前破坏。切割应顺零件表面纤维取向推进,切割速度应均匀,保持刀具平衡,不允许在零件上停留和空转。为防止总体变形,必要时应将零件固定在型架上进行切割。切割与修磨过程中,应及时清除切屑粉尘,以防止零件划伤,降低污染,所有切割、修磨暴露的表面都必须用相应树脂或漆料、密封剂等封口。所用刀具应锋利以减少起毛和防止分层,并应有足够的使用寿命。复合材料构件的切割加工有砂轮片切割、超声波切割、高压水切割、激光切割等方法,每种方法均有其优缺点,应根据设计要求、现有条件限制和成本要求,选择合适的加工方法。

迄今为止,复合材料结构自身连接,以及与其他结构相连时,机械连接依然占有重要地位。要实现机械连接,必先在构件上制孔。复合材料结构制孔涉及钻头的选择、制孔工艺条件、制孔精度和制孔的机械化自动化等关键技术。在钻头选择或设计中有两点必须注意,即采用钨-钴类硬质合金或镀金刚石钻头,并按复合材料特点进行钻头几何形状设计。由于复合材料层合结构的层间强度较低,钻孔时钻头的轴向力容易导致层间分层和出口处分层。为避免上述损伤,钻头进给速度和转速的控制非常重要。钻孔精度包括孔的尺寸超差和孔周起毛与划伤,对尺寸公差通常不允许连续三个以上相邻孔径超差,或不允许 100 个孔中超差孔超过 5 个。对于有精度要求的连接孔,如果结构开敞,应尽可能采用自动钻铆机制孔,这样可以提高精度与效率,也可根据简易贴合蒙皮的钻孔样板定位,采用精密自动进给钻制孔。钻孔完成时,钻头仍保持旋转并快速退出,以获得光洁、无刀痕孔壁。自动化技术可使钻孔、铰孔和锪窝等工序一次完成,制孔精度达 H8～H9 级。

4.2.4 复合材料结构质量控制

1. 复合材料构件的缺陷检测

复合材料构件缺陷无损检测的方法有多种,表 4-3 给出了多种检测方法及其可检测的缺陷与损伤。应用最多的方法是 X 射线和超声 C 扫描技术。但是,复合材料缺陷或损伤的类型很复杂,实际上单靠一两种检测技术很难将全部缺陷检测出来,因此在工程实践中,通常采用两种或两种以上不同的检测方法对缺陷与损伤进行检测,以便互相补充和验证。

表 4-3 各种检测方法可检的缺陷与损伤

缺陷		目击检查法	敲击法	福克胶接测试仪	超声波检测仪	红外热成像检测	谐波涡流检测法	X射线检测	N射线检测	电子剪切散斑成像	核磁共振	湿气分析	微波检测	反向散射线摄像
层合板	分层破坏	1	2	3	3	3				3	3			
	宏观裂纹	1	2		2			3	3	3				3
	微观裂纹	1								3				
	腐蚀													2
	树脂固化不完全		2	3	3								3	
	潮气吸入					3						3	3	3
	气泡		2	3	3					2				
胶接	脱胶	1	2	3	3					3				
	侵蚀		2	3			2	3	3					
	裂纹	1	2				2	3	3	3	3			
蜂窝夹层	脱胶				3					2				
	蜂窝芯塌陷		2	3	2			3	3					3
	蜂窝芯破碎		2	3	2			3	3					3
	蜂窝芯腐蚀		2	2	2	3		3	3	3				3
	蜂窝芯进水					3		3	3		3	3		3

注:1—最低,2—中等,3—最高。

2. 复合材料结构制造质量控制

制造过程的质量控制可分为工序的质量管理和成品的质量管理,前者是控制复合材料结构制造质量高低的关键。

工序的质量管理包括厂房等环境管理、人员及作业管理和成形过程管理等环节。复合材料厂房分一般工作场地和超净工作间,它们各有相应的环境指标要求。一般工作场地是辅助工序、固化和机械加工工序的实现场所,超净工作间是预浸料制备、下料、铺层、胶接等的操作场所。一般工作场地与超净工作间相通之处应有过渡间,整个生产过程在同一厂房内连续进行。人员素质、设备状态与管理水准是高质量生产的三要素。人员培训、技术档案、检测制度和工艺质量流程卡(工序质量控制)构成了质量科学管理方法的主要内容。

复合材料成形是质量控制过程中的重要环节,是确保制件质量满足设计要求,达到规定目标的关键步骤。成形工艺过程是由每道工序组成的,因此,工序操作管理是成形工艺质量保证的基础。对于常规使用预浸料制造的零件和构件,其作业流程大致为:

1.模具准备—2.裁剪—3.铺叠—4.封装—5.预压实—6.固化—7.机械加工—8.检测—9.装配—10.成品

除了工序质量管理和成品质量管理外,采用先进的生产工艺、增加生产的自动化程度,是质量控制的又一项重要措施,例如采用 RTM 工艺、电子束固化技术、自动下料技术、自动铺丝束带技术等。

4.3 复合材料在航空和航天工业上的应用

4.3.1 复合材料在航空飞行器上的应用

复合材料在飞机结构中的应用情况大致可以分为三个阶段:第一阶段是应用于受载不大的简单零部件,如各类口盖、舵面、整流罩、雷达罩、阻力板和起落架舱门等,据统计,结构质量可减轻 20% 左右;第二阶段是应用于承力大的部件,如安定面、全动平尾、前机身段和机翼等,据统计,可减重 25%~30%;第三阶段是应用于复杂受力部位,如中机身段和中央翼盒等,据估计可减重 30%[43]。

在欧美国家,20 世纪 60 年代是复合材料的发展阶段;70 年代初期进入应用阶段;80 年代以后服役的战斗机,其机翼和尾翼等部件基本上都采用了先进复合材料,用量已达到机体结构质量的 20%~30%。美国 20 世纪 80 年代研制的隐身飞机 B-2 的机翼结构,复合材料的用量已达到 60% 以上,并采用了多棱截面碳纤维和三向编织结构等新技术。充分体现复合材料结构气动弹性剪裁特性的前掠翼技术验证机——美国的 X-29(1984 年 12 月 14 日首飞)和俄罗斯 C-37"金雕"(1997 年 9 月 25 日首飞),更是复合材料用于飞机结构后创造的奇迹。表 4-4 给出了各个时期欧美国家战斗机结构用复合材料质量分数和应用部位。

直升机上复合材料的用量已达结构质量的 60%~80%,如美国的武装直升机 RAH-66,其复合材料用量达结构质量的 50% 以上。美国的垂直起落、倾转旋翼后又可高速巡航的 V-22"鱼鹰",几乎是一个全复合材料飞机[34]。

表 4-4 国外复合材料在军机上的应用情况

国别	机种	用量 (%)	首飞时间 (年份)	复合材料体系	应用情况
美国	F-14	1	1969	硼/环氧树脂	水平安定面
	F-15	1.2	1972	硼/环氧树脂	水平安定面、垂直安定面和方向舵
	F-16	3.4	1976	碳/环氧树脂 (AS4/3502)	进气道斜板、垂尾和平尾 机翼蒙皮(碳/双马来酰亚胺)
	F/A-18A	12.1	1978	碳/环氧树脂	除前机身外,包括机翼在内的所有 蒙皮机构、前机身桁条、翼根延伸段等
	AV-8B	26.3	1982	碳/环氧树脂	机翼蒙皮和亚结构固件,其机翼70%(质量分数)为复合材料结构,比金属结构减重20%以上,机翼梁和肋为工字形剖面,腹板为正弦波纹板
	A-6	12		碳/环氧树脂	机翼蒙皮
	B-2	37	1989	碳/环氧树脂	机翼盒、中机身等
	X-31A	17	1990	碳/增韧环氧树脂 (IM6/6376)	机翼和机身蒙皮
	YF-22	23	1991	碳/增韧双马树脂 (IM7/5250-2)	机翼、中机身隔框和蒙皮以及尾翼
	F-22	24	1996	碳/增韧双马树脂 (IM7/5250-4)	机翼、中机身隔框和蒙皮、尾翼以及前机身
俄罗斯	MiG-29	7	1977		
	S-37	21	1997		前掠机翼等
	雅克-141	24			机翼、尾翼和部分机身
	MiG-1.42	16	1994		
	MiG-1.44	30	2000		
法国	Rafale	24	1991	碳/增韧双马树脂 (IM6/5245C)	机翼、垂尾、鸭翼、副翼和前机身蒙皮
	幻影4000				整体油箱翼盒、尾翼等
	ASX10			碳/环氧树脂	机翼(壁板尺寸6.34 m×1.5 m)、机身和垂尾
瑞典	JAS-39	30	1988	碳/环氧树脂 (AS4/8552)	机翼、机身、鸭翼、垂尾和进气道

续表

国别	机种	用量（%）	首飞时间（年份）	复合材料体系	应用情况
德、英西、意	EF－2000	30	1994	碳/增韧双马树脂（T800/5245）	机翼、前机身、中机身和尾翼蒙皮
日本	FS－X	18			整体机翼、垂尾和平尾等
英国	美洲豹虎			碳/环氧树脂	机翼和方向舵

　　我国从 20 世纪 60 年代末开始了复合材料及其在飞机结构上的应用研究,70 年代中期研制成功了第一个复合材料飞机结构件——某歼击机进气道壁板。80 年代中期带有复合材料垂尾的战斗机首飞上天。进入 90 年代,带有复合材料前机身的战斗机和带有复合材料整体油箱的歼击机机翼研制成功,这标志着复合材料在我国飞机结构中的应用上了一个新的台阶。目前,几乎所有的在研飞机均不同程度地带有复合材料部件。2000 年,Y－7 复合材料垂尾通过了适航审定,这标志着复合材料在民用飞机上的应用也取得了可喜的成果。与此同时,直升机复合材料的应用已由仿制阶段迈入自行设计阶段。碳纤维/聚酰亚胺外涵道机匣的研制成功则标志着复合材料在发动机非高温部件上也开始得到应用。

4.3.2　复合材料在航天工业上的应用

　　复合材料首先在战略导弹弹头上应用,继而在固体火箭发动机、火箭壳体和卫星上应用。美国的 MX 和"侏儒"导弹采用较多的复合材料,M21 弹头全部采用碳纤维/树脂基复合材料。美国"北极星"导弹发动机壳体采用的高强度玻璃纤维缠绕件比钢壳减重 60% 以上,发动机质量比由 0.86 提高到 0.91,导弹射程大幅度提高,成本降低 66%。后来,由于玻璃纤维强度与模量低,壳体刚度不够,变形大,改用了 Kevlar 纤维。美国"三叉戟"1 导弹和 MX 三级发动机等均采用 Kevlar49 纤维。目前,各国的固体发动机均倾向采用 Kevlar 纤维。火箭壳体和卫星天线都采用碳/环氧树脂复合材料。碳/环氧树脂复合材料使用范围很广。由于基体环氧树脂性能改进的研究成果很多,碳/环氧树脂复合材料有着广泛的用途。

　　我国航天工业先进复合材料结构研究始于 20 世纪 70 年代,从 80 年代以来逐步将先进复合材料结构应用技术引入重点发展领域。近 10 多年来,先进复合材料结构技术在我国大型运载火箭、地地导弹的上面级主承力结构、固体火箭发动机壳体和燃烧室喷管结构、各类卫星结构、地面专用特殊结构等中都获得了广泛的应用,并取得了丰硕成果。

　　近年来航天飞行器结构中使用的复合材料大多是碳纤维/树脂基复合材料。目前,铝基复合材料的研制正在迅速发展、不久的将来,铝基复合材料可能会得到较广的应用。

　　值得一提的是,随着微电子技术的迅速发展,计算机技术的提高和复合材料技术的进步,一种集隐身、自适应、自我诊断、自我修复等功能以及承受和传递载荷为一体的所谓智能复合材料正在兴起,可以预计,复合材料结构将得到更多的应用。

1.复合材料直升机旋翼桨叶的结构形式

复合材料旋翼桨叶的典型剖面构造形式,按大梁的构造划分主要有 C 形梁、D 形梁和多管梁等结构形式;按剖面分隔或封闭区间划分,则有单闭腔、双闭腔和多闭腔等形式。图 4-8 给出了几种常见桨叶的典型剖面构造形式。

C 形梁桨叶结构简单,成形方便,制造质量易于保证,有利于螺旋桨的弦向重心排列,因此早期的复合桨叶得到了广泛的应用。小吨位、窄线长转子叶片采取 BO-105、SA-360、SA-341 等结构形式,采用具有收缩比的风洞模型试验模型的大量叶片。C 形梁设计的最大缺点是桨的扭转刚度低。D 形梁结构和多管梁结构就是针对此方面的重大改进。复合材料 D 形梁结构形式与金属桨叶片非常相似,D 形梁的腔体与金属叶片梁一样,通常为空心形式。然而,其成型过程比 C 形梁刀片结构更为复杂。

多管梁多封闭结构形式的桨叶片具有结构复杂、传递性能好、破损安全性能好等特点,在被 23 mm 口径炮弹击中后,具有安全飞行和着陆所需的强度,但该结构大大增加了制造过程的难度和成本。美国 AH-64 直升机转子叶片采用了这种结构形式。

C 形横梁 D 形防扭箱双封闭箱或三闭型腔泡沫刀片结合了上述各种叶片结构的特点,即使用 C 形梁是一个简单的过程,使用 D 形扭转箱可以提高叶片的扭转刚度,两个以上的闭室结构有助于提高叶片的损伤余量,封闭的腔可以起到防止裂纹扩大的作用。桨叶片采用共固化成型工艺,制造困难,关闭间肋骨质量保证困难。

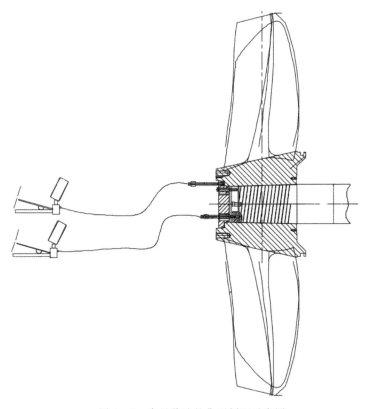

图 4-8 常见桨叶的典型剖面示意图

无论使用的设计形状如何,桨叶皮肤通常覆盖刀片的整个表面。在桨的内腔中,除了空心梁的情况,通常填充有硬质泡沫或 Nomex 纸蜂窝。

2. 复合材料机身的结构形式

复合材料主体的结构形状与金属结构的结构相似,大多为半硬壳式结构,且大多采用共固化技术制成整体件。

前机身承受载荷较小,按刚度设计,结构不复杂,因此 AV-8B 在进行结构改型时,把前机身列为采用复合材料的候选结构部位,如图 4-9 所示。前机身的侧壁、驾驶舱地板、隔框腹板等都是由层合板与加强条共固化模制成形的整体件。由于采用了很多整体件,原来金属结构的 237 个零件和 6 440 个紧固件相应减少到 88 个和 2 450 个,最后使结构质量减少了 24.5%。我国在稍后的几年内,也完成了改型机复合材料前机身研制。采用了蜂窝夹层结构和共固化成形技术,减重达 31.5%。

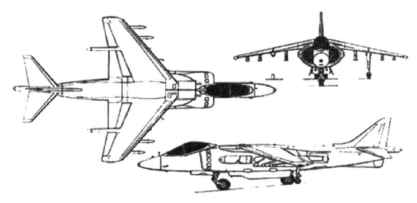

图 4-9 AV-8B 前机身结构示意图

图 4-10 为 EF2000 中机身与机翼对接段的复合材料结构。上、下两块壁板均采用复合材料整体件,其材料为 T800/5245 碳/双马树脂复合材料。上壁板由 4 根长桁和 22 个反 J 字形周向加强筋与蒙皮共固化而成。长桁(厚度在 5.57~5.5 mm 之间)是在蒙皮的铺层之间(2.75~3.75 mm 之间)插入定向层生成的。为了承受高的集中载荷,提高生存力,机身内的加强框仍采用铝合金。后机身没有采用复合材料结构,这是因为受发动机尾喷气流影响,后机身工作温度较高,树脂基复合材料的耐热性能目前还难以满足要求。

为了减轻飞机结构质量和降低成本,美国从 20 世纪 80 年代开始研究复合材料翼身融合体结构,并取得了可喜进展。我国也在积极开展这方面的研究。

复合材料机身在公务机、支线客机上已经得到了广泛使用,在干线客机上的应用也正在迅速扩展中。目前,"欧洲先进材料规划"中有一项先进主承力复合材料结构(APRICOS)计划,即集中力量开发复合材料机身结构所需的技术,要求验证全寿命成本比传统的金属结构低 30%。这也是美国国家航空航天局(National Aeronautics and Space Administration, NASA)在 1988—1997 年赞助进行的先进复合材料技术(Advanced Composite Technology,ACT)计划的目标之一。

图 4 - 10　EF2000 中机身结构布置示意图

3. 复合材料直升机机体的结构形式

随着复合材料的发展与应用,直升机机体大量采用了复合材料结构。复合材料直升机机体结构有层合板结构、夹层板结构,以及复合材料与金属的混合式结构等三种形式。

直升机飞行高度低、速度慢,载荷相对较小,不存在气动热问题,这给直升机结构采用复合材料设计提供了得天独厚的条件。欧洲"虎"、V-22、NH-90 和最先进的 RAH-66("科曼奇")等都是 20 世纪 90 年代初研制的,有些几乎达到全复合材料机体结构的水平(见图 4-11)。1994 年取得适航证的 MD-900 直升机,其主结构的重要元件全用复合材料,这在美国民用直升机上尚属首次。20 世纪 80 年代初,我国生产的 Z9 直升机,复合材料用量超过 50%(若把金属面板、Nomex 纸蜂窝夹层结构也算进去,则超过 80%)。复合材料在直升机主要部位的结构使用情况如表 4-5 所列。

图 4 - 11　武装直升机

表 4-5　复合材料在直升机机体结构上的使用情况

机　种	选用材料种类	质量分数/(%)	机体主要部件应用情况
RAH-66	碳/环氧树脂	27.8	IM7/8552 碳/环氧树脂：是机体结构的主要材料，180 ℃下固化，用于层压结构、夹层结构和承力结构件； 　K-49/SP381 芳纶/环氧树脂：120 ℃下固化，用于整流罩；AS4/5250-4 碳/双马树脂：180 ℃下固化，用于齿轮机构和壳体等。 　其具体应用部位选材： 　· 主传力结构中央龙骨大梁盒形件用材为碳纤维层合板，碳纤维、Kevlar/碳纤维夹层板； 　· 龙骨大梁、主承力框用碳纤维； 　· 机体部分是碳纤维/环氧树脂层合板； 　· 平尾、垂尾主要用 Kevlar 和碳纤维材料，大梁用碳纤维； 　· 整流罩、舱门和次结构大部分用 Kevlar＋蜂窝结构
RAH-66	玻璃纤维	10.2	
RAH-66	Kevlar	约 4.1	
RAH-66	其他非金属材料	12.9	
RAH-66	钢	17.3	发动机传动平台：防火板用钛合金
RAH-66	铝合金	14.8	
RAH-66	钛合金	10.4	
"虎"（PAH-2）	碳/环氧树脂	24	· 前机身：碳纤维； · 地板下部耐坠结构：碳和 Kevlar 纤维； · 中机身：碳纤维层合板和夹层板； · 中机身尾段：面板为碳纤维夹层结构； · 平尾和垂尾：碳和 Kevlar 纤维
"虎"（PAH-2）	玻璃纤维/环氧树脂	42	
"虎"（PAH-2）	Kevlar/环氧树脂	11	
"虎"（PAH-2）	钛合金、铝合金	6	发动机平台：钛合金板
"虎"（PAH-2）	螺栓、接头件	6	

续表

机　种	选用材料种类	质量分数/(%)	机体主要部件应用情况
MD-900	碳(T650-3K 和其平纹布)/环氧树脂	选用量占结构质量的 43%	• T650-3K/F584 用在主结构的重要部分； • 尾梁是碳/环氧树脂芳纶纸蜂窝夹层结构； • 平尾、侧垂尾由碳/环氧树脂制成； • 机身一般结构用碳/环氧树脂或有芳纶纸蜂窝的碳/环氧树脂夹层结构制成； • 进气道罩子用玻璃/环氧树脂制成
	Kevlar-149/环氧树脂		
	玻璃纤维(108、120、181)/环氧树脂		
Z9	碳布(平纹布 G814NT、单向布 G827、双向布 G803 或 G827PV、G803PV)	选用量占结构质量的 50%	• G827/914 或 G803/914 环氧树脂预浸料(国产化为 G827/5224)，180 ℃下固化，用在承力件尾椎上； • G827PV、G803PV/环氧树脂预浸渍，120 ℃下固化，用于尾减速器支撑管； • G827、G803/环氧树脂预浸渍，120 ℃下固化，用于平尾、侧垂尾和垂尾次承力件； • 芳纶布/环氧树脂预浸渍，120 ℃下固化，用在机身整流罩、主减罩、进气道、行李舱门、侧垂尾等结构处； • 玻璃布/环氧树脂预浸渍，120 ℃下固化，用在平尾、主减固定罩、发动机前活动罩和后整流罩等处； • 高温区发动机罩用玻璃布 823/759/5231 为面板的芳纶纸蜂窝夹层结构
	Kevlar(796、914、980)		
	玻璃布(823、759、664 等)		

4.4　复合材料夹层结构设计

夹层结构通常由较薄的面板制成，粘在较厚的芯上。一般板材不包括强度和刚度相对较高的材料，密度相对较小的材料不包括蜂窝芯、泡沫芯和波纹芯等芯材。蜂窝夹层结构图 4-12 所示。夹层结构具有重量轻、弯曲刚度和强度高、抗不稳定性强、抗疲劳、吸音隔热等优点，因此在飞机结构中得到了广泛的应用。对于机翼表面结构的高高度，用蜂窝夹层结构代替加固板排除了蒙皮覆盖物(特别是上翼壁板)，这会显著减轻重量；对于结构高度较小的机翼结构，如控制面，使用全高夹层结构代替梁肋结构可以带来明显的减重效果。以复合层压板为面板的夹层结构，由于材料相容性，目前常用 Nomex 蜂窝芯。

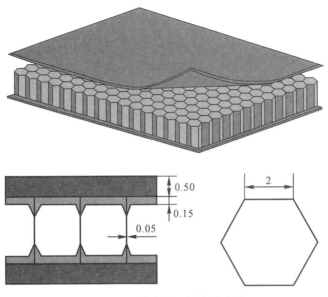

图 4 - 12　蜂窝夹层结构示意图

4.4.1　夹层结构破坏模式

夹层结构的破坏模式如表 4 - 6 所列。实际上,结构破坏时几种破坏模式可能同时存在。此外,夹层结构对低能量冲击和湿热环境敏感,且修补较困难。设计时,要对各种可能破坏模式进行强度计算,还要进行防潮、密封等设计。

表 4 - 6　夹层结构破坏模式

破坏模式	图　示	破坏原因
横向剪切破坏		芯子剪切强度不够,或整个夹层结构强度不够
芯子局部压塌		芯子压缩强度不够,或载荷作用面积太小
面板破坏		面板强度不够

续表

破坏模式	图　示	破坏原因
总体失稳		夹层结构厚度,或芯子剪切刚度不够
剪切皱折 总体失稳		有时由总体失稳引起,芯子剪切模量低,或夹层板厚度不够
面板起皱失稳		面板薄,芯子压缩强度不够,或原始不平度大。当面板外鼓时,可能板芯连接强度不够
面板格间失稳		面板太薄,格子尺寸太大

4.4.2　夹层结构设计准则

夹层结构的设计必须使其满足设计载荷下的强度和刚度要求,即:

(1)在设计载荷期间,考虑到损坏容限,面板的表面张力应小于材料强度,或面板载荷应小于允许载荷。

对于复合板:设计荷载=设计荷载$\times n \times f_m$。其中,n为安全系数,f_m为负载放大系数,给定湿热的额外影响,$f_m=1.06 \sim 1.15$。

(2)芯材应具有足够的厚度和刚度,以确保夹层板的整体屈曲,剪切破坏和过度挠曲不会发生在结构载荷下。

(3)芯材必须具有足够的弹性模量,夹层结构必须具有足够的垂直张力和抗压强度,以确保面板在设计载荷下不起皱。

(4)面板应足够厚,蜂窝芯的尺寸应足够小,以防止托架中的面板在设计载荷下变得不稳定。

(5)应尽可能避免夹层结构受到垂直于板表面的集中载荷,以防止芯的局部塌陷或分离。当集中载荷不可避免时,应采取措施将载荷分散到其他承重元件上,而不将其转移到核心。

4.4.3　夹层结构选材原则

选择芯材时要遵循的原则:芯材密度低,强度和刚度足够;具有良好的黏结性能;复合面板的电气性能,以避免电偶腐蚀;工艺性能好,价格低。对于一些特殊部件,应考虑磁芯的电气性能、导热性和耐火性、抗毒性和耐烟性。

蜂窝芯由铝蜂窝、玻璃纤维和芳纶纸蜂窝(即 Nomex 电池)组成。核心的形状有正六边形,矩形等,通常使用正六边形。Nomex 蜂窝是一种广泛使用的非金属蜂窝材料,虽然其模量明显低于相同密度的铝蜂窝、强度略低于铝蜂窝,但它具有良好的强度和抗损伤性,特别是局部损坏后不易产生永久性变形[35]。

夹层结构中的胶黏剂分为三类:棒胶、棒和骨骼元件(如梁、肋)。胶用于拼接芯和棒,其中主要的黏合剂是最重要的。

面板与蜂窝芯之间的胶水不同于一般的片材胶水,有其自身的特殊要求。在选择杆状黏合剂时,应注意黏合剂在固化过程中会产生挥发性成分。这些挥发性成分会产生内部压力,导致局部脱湿或气孔;挥发性气体会使芯部分裂或使芯部变形,挥发性水分会腐蚀芯部和胶水本身或降低其性能。因此建议使用挥发性成分不超过 1/100 的黏合剂。

大多数芯材无法承受过大的固化压力(例如,超过几个大气压),但仍然需要一定的黏合压力(约两个大气压)来增加黏合强度。固化压力是重要的黏结参数,在选择胶黏剂时,应给予足够的重视,并通过一定的工艺测试。所选择的胶水应使芯材和面板在层压过程中形成胶原,即所谓的棱角填充能力,以获得足够的黏合强度。

由于在芯材加工中很难控制外部差异,因此所选胶水应具有良好的"填补空白"指标,而无需额外补偿强度。胶水本身的强度远远大于芯材的强度,因此芯材的强度要求主要是其韧性的指标,胶合夹层结构的冲击强度是指胶水在静态或动态载荷下抵抗芯剥离的能力。剥离的强度直接反映了黏合剂的韧性,是设计夹层结构时必须测量的参数[36]。

为了获得良好的耐环境性(湿热)和耐久性,通常将基础橡胶作为塑料薄膜排除在外。棒状黏合剂必须与其他支撑黏合剂和相关面板材料相容。

4.4.4　夹层结构设计

一般来说,夹层结构设计的目的是增加刚性,促进平滑的空气动力学形状以降低噪声,增加或减少一定方向的热转换[37],并在强烈声音振动的情况下增加或减少其耐用性。下面给出了一些设计细节供参考。

不同的设计对成本有很大的影响。如图 4-13 所示,图 4-13(c)通过增加芯的密度而不是梁的肋骨,所以更便宜。因此,设计师必须了解制造工艺和技术,才能使夹层制造的成本低。

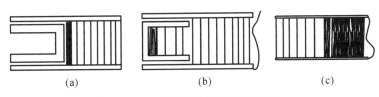

图 4-13　蜂窝夹层板端头闭合设计

相同的夹层结构可以基于外部载荷的分布,使用不同密度的棒,并用胶芯拼接它们。但是,当夹芯结构的几何形状较小、芯拼接块数量较多时,拼接胶的质量往往会补偿不同密度的芯材所节省的质量,这种方法不适合设计。

夹层结构通常使用螺钉或铆钉来输送高载荷,但机械连接会降低夹层结构的疲劳寿命,因此在优化设计时,应尽量避免铆钉过多和过度松紧。铆接时,尽量采用压铆,以减少对夹层结构的影响。

为保证芯子平滑切割,避免使用"起伏"切割(也称"松弛切割"),应根据面板应力分布,利用铺层丢层设计逐渐改变面板厚度。蜂窝芯子切割中的外形公差可用胶膜填补。当芯子切割形面误差较大时,可用预先固化的玻璃纤维垫板填补,如图 4-14 所示。

夹层结构胶接固化时,为增加胶接强度,要求施加一定的固化压力,压力达不到的地方,用膨胀发泡胶达到胶接的目的[38]。如图 4-15 所示,梁凸缘内侧与蜂窝连接处用带状泡沫胶 J-118 胶接。胶带膨胀后的厚度为原厚度的 2.5 倍。

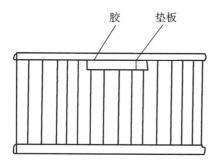

图 4-14　芯子切割凹陷填补

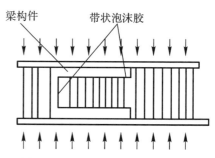

图 4-15　夹层结构固化压力要求

夹层结构的设计步骤与设计对象及使用的分析方法有关[39]。目前,航空航天上常用全高度蜂窝结构,其型面及外形复杂,夹层结构支持条件也不规则。而有限元法具有数据反馈快、修改尺寸方便的优点,并已被广泛应用于航空航天领域[40]。因此,有限元法已成为夹层结构设计分析的重要手段。

结构设计的步骤如下所述。

第一步:通过外部载荷的大小,初步确定夹层结构的形状和大小。对于具有全高空气动力学轮廓的夹层结构,形状是固定的,只能选择核心密度和面板厚度。粒的密度可以根据局部压力或吸入力通过式$[\sigma_c]/\sigma_c=3$确定;面板应尽可能薄,并采用层压板设计方法。对于纵横比大于 3 的夹芯板,当最初确定设计尺寸时,可以设计和计算相当于单位宽度的梁,并且梁的长度等于板的长度。

第二步:根据初步结构,使用有限元法(或经验法)来确定内力和反作用力。

第三步:根据第二阶段的分析结果,根据强度标准修改核心密度和面板厚度。

第四步:根据修改后的设计尺寸,分析有限元法得到的应力结果,并进行详细的强度测试,以检查其强度、刚度和稳定性是否符合要求。

重复第二至四步,直至得到合适的设计结果。

第5章 无人直升机结构静强度计算

5.1 概　　述

飞机强度计算内容主要包括飞机外载荷传力和计算方法。本章重点介绍强度计算方法（假设外载荷和结构形式已知）。

传统结构静强度计算主要归结于以结构力学方法为主的工程梁理论，并求出结构构件的变形和应力；把求得的应力与许用应力比较，把求得的变形和允许变形比较，以判断结构的强度和刚度是否足够。近代飞机强度计算基础建立在薄壁结构计算理论上，这些方法广泛应用于世界各飞机设计研究所的强度计算中，并且通过大量静力试验的考核，被证明是成熟有效的。采用传统方法在求解过程中力学概念清楚，要求进行传力分析，这对于在方案设计阶段和总体上把握计算的合理性是十分有效的。但由于实际飞机结构都是高次静不定复杂结构，采用工程梁理论方法工作量大，计算烦琐，是从事强度工作人员的一项繁重工作，对于大多数飞机设计情况无法得到工程精确解。

从研究对象上看，目前大多数研究均着眼于飞机结构连接紧固件的传力特性以及刚度分配方面，对可应用于飞机结构中连接紧固件本身的强度校核方法的研究甚少[41]。目前运用于飞机连接结构中紧固件拉剪复合受载的最具代表性的公式是 Bruhn[42] 提出的计算公式，该公式基于试验数据，通过数据拟合等方式给出计算方法。牛春匀[43] 在其飞机设计手册中也采用该公式，但扩大了其使用范围，没有给出相应的使用限制。

针对飞机连接件的拉剪复合受载强度校核方法，国内外学者开展了大量的研究[44-47]。随着有限元技术的不断发展，近年来发展了各种数值模拟手段，Rutman 等人[48] 发展了连接紧固件的二维建模技术，并进行了程序化。岳珠峰等人对单个连接紧固件的结构特征进行详细建模，从而分析其力学性能[49]。

近年来，有限元法已经在飞机结构分析中得到了广泛应用，利用有限元法对飞机部件甚至全机进行应力和变形计算，从而对飞机部件结构进行强度设计和校核，极大地提高了分析精度和效率[50]，但对于某些零件、连接件的强度计算仍要依赖工程方法，而且有限元计算结果的合理性，也常需与工程方法进行比较分析。因此本书以工程理论为主进行介绍。

5.2　结构元件的破坏应力

为了评定任一元件的强度,必须知道它在拉伸、压缩以及剪切时的破坏应力。对于飞机薄壁结构,一般情况下,受拉破坏是材料拉伸破坏,受压破坏是结构稳定性破坏。元件的破坏应力应通过试验来确定。无试验数据时,破坏应力需通过计算求出。

5.2.1　拉伸

结构元件(蒙皮、桁条、翼梁凸缘等)的拉伸破坏应力应小于该元件材料的极限强度 σ_b。通常在螺栓孔和铆钉孔附近,以及耳片和螺纹处存在应力集中,焊缝处存在性能削弱。当然,对于孔边应力集中等问题,在材料比例极限以内影响是很大的,当应力超过比例极限后,材料的塑性使应力集中钝化,影响就减小很多。经验证明,在计算蒙皮、桁条翼梁时,由于孔边上的应力集中,元件的破坏应力将比材料的极限强度减小 5%～10%,高强度合金减弱较大;耳片、螺纹应考虑专门的削弱系数;焊缝强度削弱取决于焊接质量,对于氩弧焊接件,其破坏拉应力约为 $(0.85～0.9)\sigma_b$。

5.2.2　压缩

在元件受压时,要研究两种可能性。元件纯粹受压(不失去稳定性),以及受压可能失去稳定性。受纯压结构元件通常为边界支持较强而不会失去稳定性的厚壁杆,例如 $b/\delta<5$ 的翼梁缘条(见图 5-1)。元件受纯压时的强度高于受拉时的强度,这是因为元件受压后剖面因变形而稍有增大。试验证明,圆柱形试件受压时的破坏应力要比受拉时大 30%～40%。

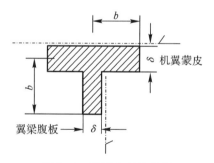

图 5-1　翼梁缘条示意图

对于受压失稳的元件,有以下两种情况:

(1)失去总体稳定——轴线弯曲,如图 5-2 所示。

(2)失去局部稳定——壁弯曲,失去总体稳定或失去局部稳定的临界应力 σ_{cr} 就是结构元件的破坏应力。

在没有试验数据时,可用以下经验公式:

$$\left.\begin{array}{l} \sigma_{cr} = \sigma \dfrac{1+\gamma}{1+\gamma+\gamma^2} \\[3mm] \gamma = \dfrac{\sigma_b}{\sigma_E} \end{array}\right\} \qquad (5-1)$$

式中：σ_b 为结构材料极限强度；σ_E 为按结构力学公式对杆和板算得的欧拉临界应力。

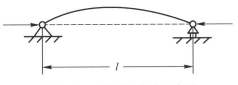

图 5-2　元件受压失稳示意图

长为 L 的杆件失去总体稳定性，有

$$\sigma_E = \frac{m\pi^2 E}{\left(\dfrac{L}{i}\right)^2} \qquad (5-2)$$

式中：m 为由两端支持条件决定的系数，铰接端 $m=1$，固定端 $m=4$，平接端 $m=2$；L/i 为杆的柔度；$i=\sqrt{I/F}$ 为杆剖面的惯性半径，I 为剖面惯性矩，F 为剖面面积。

在计算有蒙皮支持的桁条或波形板的杆剖面惯性半径 i 时，要把附加蒙皮考虑到它们的剖面上。

对于未失去稳定的蒙皮，附加宽度等于桁条之间的距离 b，如图 5-3 所示。在蒙皮失稳后，蒙皮宽度上的应力 σ_{skin} 不是均匀分布的，如图 5-4 所示。

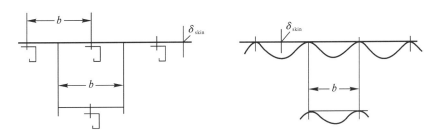

图 5-3　蒙皮附加宽度

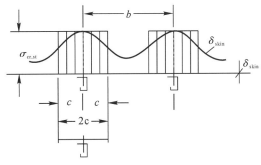

图 5-4　蒙皮应力分布

此时蒙皮受桁条应力的有效宽度 $2c$ 将小于桁条间距离 b：

$$2c = 1.96\delta_{skin}\sqrt{\frac{E}{\sigma_{cr,st}}} \Rightarrow 2c = b\sqrt{\frac{\sigma_{cr,skin}}{\sigma_{cr,st}}} \leqslant b \qquad (5-3)$$

式中：δ_{skin} 为蒙皮厚度；$\sigma_{cr,skin}$ 为蒙皮临界应力；$\sigma_{cr,st}$ 为桁条的临界应力。

当蒙皮在沿桁条方向受压时，由蒙皮和长桁组成的加筋板屈曲和破坏计算方法参照航空工业出版社出版的《结构稳定性设计手册》（崔德刚，2006）。

屈曲应力计算公式是

$$\sigma_{cr} = \frac{\pi^2 kE}{12(1-\gamma^2)}\left(\frac{t}{b}\right)^2 \qquad (5-4)$$

破坏应力计算公式是

$$\frac{\bar{\sigma}_\infty}{\bar{\sigma}_f} = 1 - \left(1 - \frac{\sigma_{cr}}{\bar{\sigma}_f}\right)\frac{\sigma_{cr}}{\sigma_e}\left(\frac{\sigma_{20}^{1/2} - \sigma_e^{1/2}}{\sigma_{20}^{1/2} - \sigma_{cr}^{1/2}}\right) \qquad (5-5)$$

式中：$\bar{\sigma}_\infty$ 为加筋板的平均破坏应力。

使用载荷不屈曲条件：

$$\sigma_{cr} \geqslant 67\%\bar{\sigma}_\infty \qquad (5-6)$$

对于很薄蒙皮可能出现顶尖屈曲，只有当蒙皮在两铆钉间不失去稳定时（见图5-5），蒙皮才能与桁条同时承载，即当

$$\frac{\pi^2 E}{\left(\dfrac{t-d}{i}\right)^2} > \sigma_{cr,st} \qquad (5-7)$$

$$i^2 = \frac{\delta_{skin}^2}{12} \qquad (5-8)$$

式中：d，t 分别为铆钉直径和铆钉间距。

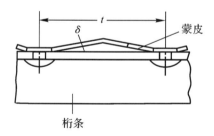

图 5-5   桁条与蒙皮铆接

对于两端简支的夹心桁条（见图5-6），失去总体稳态性的临界应力为

$$\sigma'_{c,cr} = \frac{\sigma_{c,cr}}{1+\alpha} \qquad (5-9)$$

式中：$a = \dfrac{\sigma_{c,cr}}{G}\dfrac{2\delta_{skin}}{h}$，为考虑夹心料对 $\sigma_{c,cr}$ 影响的系数，其中，h 为杆剖面高度；δ_{hull} 为外层蒙皮厚度；G 为夹心料剪切模量。

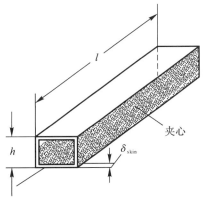

图 5 - 6　夹心桁条

对于桁条边壁失去局部稳定性,有

$$\sigma_{c,cr} = \frac{0.9kE}{\left(\dfrac{k}{\delta}\right)^2} \tag{5-10}$$

式中:k 为考虑壁支持条件的系数,对于无自由边的壁 $k=4$,对于有自由边的壁 $k=0.9$;$\dfrac{k}{\delta}$ 为平板的柔度,如图 5 - 7 所示。

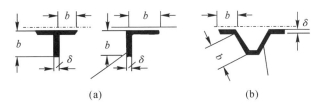

图 5 - 7　平杆支持条件

(a) 有自由边的壁;(b) 无自由边的壁

对于圆柱形壳体,失去局部稳定性的临界应力为

$$\sigma_{c,cr} = \frac{0.15E}{\dfrac{r}{\delta_{min}}} \tag{5-11}$$

式中:$\dfrac{r}{\delta_{min}}$ 为曲壁的柔度。

圆柱形曲板失去稳定性[见图 5 - 8(b)]的临界应力为

$$\sigma_{c,cr} = \frac{3.6E}{\left(\dfrac{r}{\delta_{min}}\right)^2} + \frac{0.15E}{\dfrac{r}{\delta_{min}}} \tag{5-12}$$

在工程应用中比较方便的方法是,利用一种对于给定剖面和材料的杆件按临界应力计算公式做出曲线 $\sigma_{cr} = f(L)$,如图 5 - 9 所示曲线的水平段的末端相对于失去局部稳定性的临界长度,在这种长度情况下,杆件同时失去局部稳定性和总体稳定性。

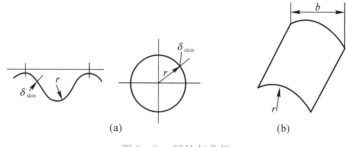

图 5-8　圆柱与曲板

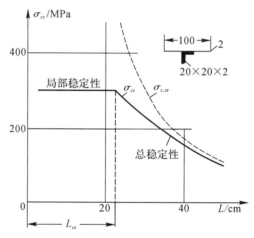

图 5-9　杆受压稳定临界应力曲线

5.2.3　剪切

板的破坏剪切应力要根据板是在稳定范围内受力还是在稳定范围外受力来决定的。在板受剪不失去稳定情况下,无论对于受剪铆钉和螺栓,破坏剪应力都为

$$\tau_b = (0.6 \sim 0.65)_b \tag{5-13}$$

板的临界应力可按下式决定:

$$\tau_{cr} = \tau_b \frac{1+\nu}{1+\nu+\nu^2} \tag{5-14}$$

式中:$\nu = \dfrac{\tau_b}{\tau_{s,cr}}$,$\tau_{s,cr}$为

$$\tau_{s,cr} = \frac{0.9kE}{\left(\dfrac{b}{\delta}\right)^2} \tag{5-15}$$

式中:$k = 5.6 + \dfrac{3.8}{\left(\dfrac{a}{b}\right)^2}$,$a$、$b$ 为板的长边和短边的长度。

图 5-8(b) 所示的长圆柱形板失去剪切稳定性的临界应力为

$$\sigma_{c,cr} = \frac{5E}{\left(\dfrac{b}{\delta_{skin}}\right)^2} + \frac{0.1E}{\dfrac{r}{\delta_{skin}}} \tag{5-16}$$

5.2.4　高温对元件破坏应力的影响

高温会降低材料的强度和刚度。图 5-10 所示为铝合金、钛合金和不锈钢的强度 $\dfrac{\sigma_b}{r}$ 与温度的关系曲线。

在决定高温下结构元件的临界应力时,必须考虑到材料弹性模量及极限强度的降低。在高温、载荷作用时间相当长的情况下,由于材料的蠕变,其破坏应力要减小。如对于温度为 800℃ 的不锈钢 1Cr18Ni9Ti,若载荷作用时间短,则 $\sigma_b = 177$ MPa;若载荷连续作用时间为 100 h,则 σ_b 下降为 49 MPa。此外,由于材料蠕变,会产生永久变形,随时间积累,可能超过允许限度。

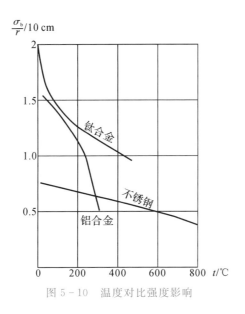

图 5-10　温度对比强度影响

5.3　机翼强度计算

5.3.1　作用在机翼上的载荷

应该指出机翼载荷是结构受力分析的原始数据。在机翼上作用有下列载荷:
(1)分布的气动载荷 q_b;
(2)机翼结构的分布质量力 q_c;
(3)装载机翼上的组件(发动机、燃油、设备)的质量的集中力 P_d。

飞机机翼载荷如图 5-11 所示。

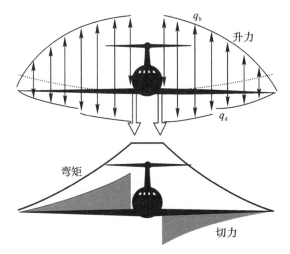

图 5-11　作用在机翼上的载荷

1. 机翼载荷的求法

原始数据是按强度规定对每个设计情况求得的设计过载系数：

$$n_d = n_r f \tag{5-17}$$

式中：f 为安全系数，一般 $f = 1.5$；n_d 为设计过载；n_r 为使用过载。

在强度规范中，过载系数是对升力而言的，升力可按下列公式求得：

$$L = nG \tag{5-18}$$

式中：$n = n^P$；G 为飞机的飞行重力。

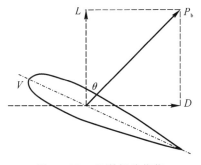

图 5-12　机翼气动载荷

气动载荷可按下式求得（见图 5-12）：

$$P_b = \frac{L}{\cos\theta} = \frac{nG}{\cos\theta} \tag{5-19}$$

式中：$\tan\theta = \dfrac{C_{D,cr}}{C_{L,cr}}$，$C_{D,cr}$ 及 $C_{L,cr}$ 为机翼的迎面阻力系数及升力系数，它们是根据设计情况的攻角按极曲线图求得的。

机翼结构质量力按下式计算:

$$P_c = \frac{nG_c}{\cos\theta} \qquad (5-20)$$

式中:G_c 为机翼重力。

机翼集中重力为

$$P_d = \frac{nG_d}{\cos\theta} \qquad (5-21)$$

式中:G_d 为组件重力。在小攻角飞行时可以近似取 $\cos\theta = 1$。

2. 载荷在机翼上的分布

(1)气动载荷沿翼展的分布。

可以假定气动载荷沿翼展的分布与升力分布规律相同(见图 5-13),由于分布规律不同,存在一定误差,但并不大,所以单位长度的气动载荷为

$$q_b = q_y \qquad (5-22)$$

式中:$q_y = fC_L b \dfrac{\rho V^2}{2}$;$C_L$ 和 b 为沿翼展变化的升力系数及机翼弦长;速压 $\dfrac{\rho V^2}{2}$ 由升力方程决定。

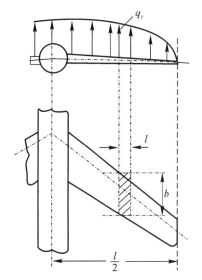

图 5-13　机翼气动力线载荷(展向分布)

有

$$nG = fC_{y,w} S \frac{\rho V^2}{2} \qquad (5-23)$$

因此

$$\frac{\rho V^2}{2} = \frac{nG}{fC_{L,w} S} \qquad (5-24)$$

式中:$S = lb_{av}$ 为机翼面积;$C_{L,w}$ 及 b_{av} 为机翼的升力系数及平均弦长。

把 $\dfrac{1}{2}\rho V^2$ 代入 q_y 的表达式,得

$$q_y = \frac{nG}{l}\,\frac{C_L b}{C_{L,w} b_{av}} \tag{5-25}$$

这里,$\dfrac{nG}{l}$ 是单位长度载荷平均值,它要用变化的相对环量 $\overline{\Gamma}$ 修正(见图 5-14),即

$$\overline{\Gamma} = \frac{C_L b}{C_{L,w} b_{av}} \tag{5-26}$$

因此

$$q_y = \frac{nG}{l}\,\overline{\Gamma} \tag{5-27}$$

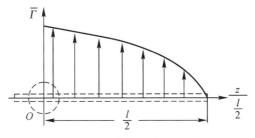

图 5-14　机翼气动力相对环量

对于几何相似而具有同一扭曲角的机翼,相对环量是半翼展的函数:$\overline{\Gamma} = f\!\left(z/\dfrac{l}{2}\right)$。对于带有扭转角的机翼(即 $C_{L,w}=0$ 时,飞机的 C_L 不等于零),求其单位长度 q_y 时,可以把它看作是平机翼单位长度载荷 $q_{y,pa}$ 与由于扭转角引起单位长度载荷 $q_{y,re}$ 之和,即

$$q_y = q_{y,pa} + q_{y,re} \tag{5-28}$$

$q_{y,re}$ 沿翼展的分布规律如图 5-15 所示。

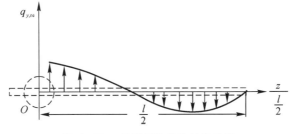

图 5-15　机翼扭转单位长度载荷

原扭转平机翼的单位长度载荷 $q_{y,pa}$ 为

$$q_{y,Pa} = \frac{nG}{L}\,\overline{\Gamma}_{pa} \tag{5-29}$$

式中:$\overline{\Gamma}_{pa}$ 为平机翼的相对环量,与机翼平面形状有关。

由扭转角引起的单位长度载荷为

$$q_{y,\mathrm{re}} = \frac{nG}{L} \frac{\varphi}{C_{y,\mathrm{cr}}} \overline{\Gamma}_{\mathrm{re}} \qquad (5-30)$$

式中：$\overline{\Gamma}_{\mathrm{re}} = \dfrac{\Delta C_L b}{b_{\mathrm{av}}}$ 为由机翼扭转引起的相对环量；φ 为机翼翼尖的扭转角。各种梯形机翼的

$\overline{\Gamma}_{\mathrm{pa}}$ 与 $\overline{\Gamma}_{\mathrm{re}}$ 可在相应的空气动力学手册中查到。

必须指出，在安装发动机短舱和机身的机翼部位上（见图 5-16），升力有所降低。因而在机翼的其他部分升力就必须增大一些，但升力的总值必须等于 nG。在大攻角情况下，这种升力的重新分布是不会发生的，但在小攻角下飞行时，则可能较显著。在计算时可引入一些与攻角有关的修正系数来考虑机身和发动机短舱的影响。

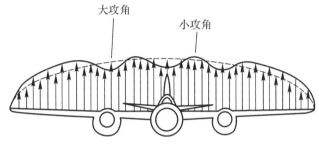

图 5-16　发动机吊舱及机身对气动力的影响

在对机翼作近似强度计算时，可以假定 C_L 是常数。于是单位长度载荷就与弦长成正比分布，即

$$q_y = \frac{nG}{S} b \qquad (5-31)$$

经验证明，对于具有常用的梯形比（$\eta < 3$）的后掠机翼，近似方法给出的压力中心位置与精确解相差无几。机翼根部弯矩误差通常在 5% 以内。

对于三角形机翼，升力 q_y 沿翼展变化如图 5-17 所示，C_y 的近似变化规律分布如图 5-16 所示，可以按下式计算：

$$C_L = C_{L0}(1 + 4\overline{Z}^2) \qquad (5-32)$$

式中：$\overline{Z} = \dfrac{x}{l}$，为由机身边缘翼起到该剖面的相对距离；$C_{L0}$ 为机身内的机翼段的升力系数。

由 $q_y = \dfrac{nG}{l} \overline{\Gamma}$ 可得

$$q_y = 0.6 \frac{nG}{S \times 0.4 S_{\varphi}} (1 + 4\overline{\Gamma}^2) b \qquad (5-33)$$

式中：S_{φ} 为机身内的机翼段面积。

在粗略计算三角形机翼强度时，允许假定 $q_y =$ 常数，即 $q_y = \dfrac{nG}{l}$。

（2）气动载荷沿翼弦的分布。

气动载荷分布可由风洞试验求得，在无法进行风洞试验时也可按强度规范求出。载荷沿弦向翼分布根据飞行情况而定，大致分布曲线如图 5-18 所示。由图可见，在情况 A，前缘

受载较大,在情况 B,后缘受载较大,在情况 A′,翼型中后部受载较大。情况 C 的特点是载荷差不多组成了力偶。在这些分布曲线上,最大吸力可能达到 0.067 MPa。

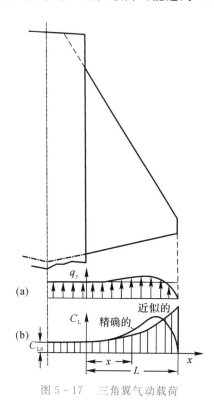

图 5 - 17　三角翼气动载荷

在超声速飞行时,由于激波后压力不能向前传递,可以假定载荷沿弦向是均匀分布的。压力中心位置和气动力作用方向可以确定为,在各个翼剖面上,压力中心沿弦向的位置可按下式求得:

$$\bar{x}_{cp} = \frac{x_{cp}}{b} \approx -\frac{C_m}{C_L} \tag{5-34}$$

在翼剖面内气动力合力与翼弦法线的倾斜角 β 决定于下式:

$$\beta = \theta - \alpha \tag{5-35}$$

式中:$\tan\beta = \dfrac{C_D}{C_L}$。

有了翼剖面的 C_L 值,可求出相应的 α,C_x,C_m 等数值,并求出 x_{cp} 和 β。

计算证明,在副翼不偏转的情况下,可以认为翼剖面内的压力中心点和倾斜角 β 沿翼展是不变的,并可取 C_y 为常数且等于 $C_{y,cr}$ 来决定它们。这样的做法对于实际应用来说已经足够精确了。于是得

$$x_{cp} = -\frac{C_{m,cr}}{C_{L,cr}} \tag{5-36}$$

$$\beta = a_{cr} - \theta_{cr} \tag{5-37}$$

$$\tan\theta_{cr} = \frac{C_{D,cr}}{C_{L,cr}} \tag{5-38}$$

式中：$C_{L,cr}$，$C_{D,cr}$，$C_{m,cr}$ 是机翼在相应设计情况平均攻角下的气动力系数平均值。

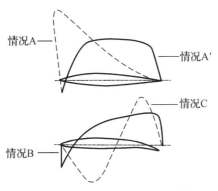

图 5-18 气动载荷沿弦向翼分布

机翼质量力沿翼展的分布，可认为按质量沿机翼的分布规律，或者近似地认为按经验公式分布。假定机翼质量沿翼展与气动载荷成正比或与弦长成正比地分布，并不会有多大误差。这样机翼单位长度质量力就等于

$$q_c = \frac{nG_c}{l}\overline{\Gamma} \tag{5-39}$$

这些力沿着弦向的作用点是机翼结构的重心，它通常离前缘（40% ~ 50%）弦长，假定质量力平行于气动力，组件集中力作用在组件重心上，其方向平行于气动力。

（3）机翼剪力图和弯矩图。

为了计算机翼，必须知道它各个剖面上的剪力 Q、弯矩 M 以及对机翼弦长中心线的力矩 M_z。为此必须把机翼视为受分布和集中力的悬臂双支点梁（见图 5-19），作出 Q，M，M_z 等分布图。

机翼和机身的连接接头是机翼的支点。机身上的分布载荷算作是机身的。现在说明作 Q 图和 M 图的步骤：

1）可直接由下列差数求出 q：

$$q = q_b - q_w \tag{5-40}$$

式中：$q_b = \frac{nG}{l}\overline{\Gamma}$ 或 $= \frac{nG}{s}b$ 为气动载荷；$q_w = \frac{nG_c}{l}\overline{\Gamma}$ 为机翼质量力或称为惯性载荷。

2）有了单位长度载荷 q 和组件的力 $P_{d,i}$，即可求得剪力：

$$Q = \int_{\frac{l}{2}}^{z} q\,\mathrm{d}z + \sum P_{d,i} \tag{5-41}$$

$$M = \int_{\frac{l}{2}}^{z} Q\,\mathrm{d}z \tag{5-42}$$

3）把机翼分成一系列等距离剖面，按 $q = q_b - q_w$，然后求出剪力增量：

$$\Delta Q = \frac{q_i + q_{i+1}}{2}\Delta z \tag{5-43}$$

式中:q_i,q_{i+1} 为机翼梁相邻剖面上的单位长度载荷;Δz 为这两剖面之间的距离。

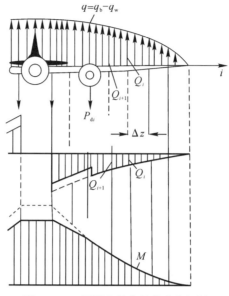

图 5 - 19　机翼的受力及剪力弯矩图

对于翼尖一段的 ΔQ,可以把它作为抛物线面积来计算:

$$\Delta Q_1 = \frac{2}{3}q_1\Delta z \tag{5-44}$$

式中:q_1 为有翼尖起第一个剖面上的单位长度载荷。

把 ΔQ 逐步总加起来,即得机翼任一剖面上的剪力:

$$Q = \sum \Delta Q \tag{5-45}$$

再算出弯矩增量:

$$\Delta M = \frac{Q_i + Q_{i+1}}{2}\Delta z \tag{5-46}$$

式中:Q_i,Q_{i+1} 为两相邻剖面上的剪力。

把 ΔM 逐一相加,就得到机翼任一剖面上的弯矩:

$$M = \sum \Delta M \tag{5-47}$$

相加 ΔQ 及 ΔM 时由机翼自由端向机身方向计算。

有时检查机翼某一剖面强度时(见图5-18),不需要作 Q 图,M 图,可按下列式子求得 Q 和 M:

$$Q = \frac{n(G - G_c)}{S}S_{sec} \tag{5-48}$$

$$M = QC \tag{5-49}$$

式中:S_{sec} 为机翼割出部分的面积(见图 5 - 20);C 为梯形到该剖面的距离。

（4）机翼扭矩图。

如图 5 - 21 所示，先求出单位长度力矩：

$$m_z = q_b e + q_w d \qquad (5-50)$$

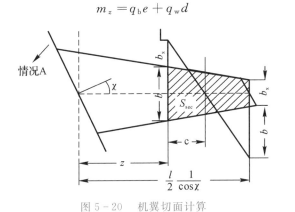

图 5 - 20　机翼切面计算

再求出集中力矩[见图 5 - 21(b)]：

$$\Delta M_z = P_{\mathrm{T},i} r \qquad (5-51)$$

式中：e，d，r 为由各载荷作用点沿翼肋到机翼轴的距离[见图 5 - 21(a)]，积分 m_z[见图 5 - 21(b)]，并考虑到 ΔM_z 后，得到机翼扭矩图 M_z[见图 5 - 21(c)]。

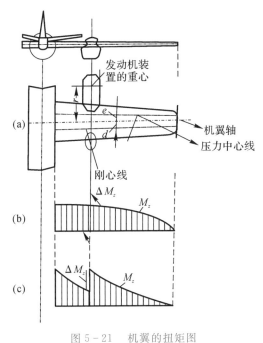

图 5 - 21　机翼的扭矩图

5.3.2　线弹性假设和初等弯曲理论

在应用工程梁理论进行飞机结构强度计算时，必须考虑以下内容。

1. 线弹性假设与减缩系数法

若结构的纵向受拉元件是由不同材料制成的,当飞机承受设计载荷(极限载荷)时,元件的受力超过了材料比例极限和元件的稳定极限(见图5-22),此时其关系是非线性的。为了简化计算,我们把参与受力的元件折合成一种符合胡克定律的假想材料。

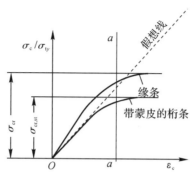

图 5-22　元件应力与应变关系曲线

若弹性模量为 E_0,于是任一元件的应力 σ 可以用假想应力 σ_φ 表示为

$$\sigma = \sigma_\varphi \varphi \tag{5-52}$$

式中:$\varphi = \dfrac{\sigma}{\sigma_\varphi}$ 为缩减系数,表示元件应力比假想应力小多少。缩减系数 φ 值取决于最终的应力 σ,而应力是未知值,因此只能采用逐步近似的方法,即首先选取假想材料的斜率线 $\sigma_\varphi = f(\varepsilon)$,设定 φ 值的第一次近似值,计算出应力 σ 后,在应力-应变关系曲线上得到 σ 与 σ_φ 的比值,也就是新的 φ 值,然后再次计算应力 σ,并再次求得 σ 与 σ_φ 的比值 φ,依次逼近,直到前、后两次的结果接近为止。这就是有名的缩减系数法。图5-23为机翼弯曲变形的分析图。

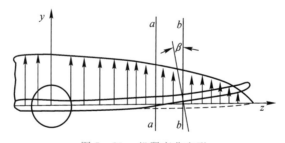

图 5-23　机翼弯曲变形

2. 初等弯曲理论

由梁的曲率方程可得

$$\varepsilon = \frac{y}{\rho} \tag{5-53}$$

则

$$\sigma = Ay\varphi \tag{5-54}$$

$$M = \int_F \sigma y \, dF = \frac{E}{\rho} \int_F y^2 \varphi \, dF \qquad (5-55)$$

令

$$J = \int_F y^2 \varphi \, dF \qquad (5-56)$$

则

$$\frac{1}{\rho} = \frac{M}{EJ} \qquad (5-57)$$

为梁的弯曲方程。

上述各式中：ε 为应变；ρ 为曲率半径；y 为计算点离中性面的距离；A 为剖面面积；M 为弯矩；I 为截面面积为中性轴的惯性矩。

减缩系数 φ 可看成单位面积的放大（或缩小）。

对减缩后的横截面求其质点位置（见图 5-24），其方向的质心位置分别为

$$\bar{x} = \frac{\sum f_i \varphi_i X_i}{\sum f_i \varphi_i} \quad Y = \frac{\sum f_i \varphi_i Y_i}{\sum f_i \varphi_i} \qquad (5-58)$$

对质心轴的惯性矩为

$$\hat{J}_x = \sum f_i \varphi_i \hat{x}_i^2, \hat{J}_y = \sum f_i \varphi_i \hat{y}_i^2, \hat{J}_{xy} = \sum f_i \varphi_i \hat{x}_i \hat{y}_i \qquad (5-59)$$

式中：$\hat{x}_i = x_i - \bar{x}$ ；$\hat{y}_i = y_i - \bar{Y}$。

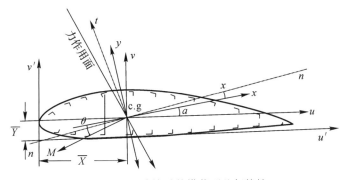

图 5-24　减缩后的横截面几何特性

主轴的方向为（见图 5-24）

$$\tan 2\alpha = \frac{2\hat{J}_{xy}}{\hat{J}_y - \hat{J}_x} \qquad (5-60)$$

对主轴的惯性矩为

$$\left. \begin{array}{l} J_x = \hat{J}_x \cos^2 \alpha + \hat{J}_y \sin^2 \alpha - \hat{J}_{xy} \sin 2\alpha \\ J_y = \hat{J}_x \sin^2 \alpha + \hat{J}_y \cos^2 \alpha - \hat{J}_{xy} \sin 2\alpha \end{array} \right\} \qquad (5-61)$$

剖面各点斜弯曲正应力为

$$\sigma_i = \frac{M_x}{J_x} y_i + \frac{M_y}{J_y} x_i \qquad (5-62)$$

5.3.3 直机翼结构强度计算

机翼强度计算包括求应力和变形,这些是评定机翼强度和刚度所必须知道的。机翼是一种由桁条、翼梁、蒙皮和翼肋所组成的厚壁结构,由于气动力与惯性载荷的作用,整个机翼发生剪切、弯曲和扭转。在弯矩作用下,在桁条内、翼梁缘条内、蒙皮内分别产生了轴向正应力 σ;由于扭矩剪力作用,翼梁腹板和蒙皮内产生剪应力 τ。

1. 机翼正应力的近似计算

对于梁式机翼,可参考如下近似估算的方法来确定机翼正应力。一般来说,梁式机翼的前、后缘结构相对较弱,可略去前、后缘的作用,假设机翼上的弯矩 M 只由翼梁间的主承力结构承担(见图 5-25),又由于机翼翼梁之间的部分高度差并不大,因此可以假定为长方形(见图 5-26),高度取平均值:

$$H_{av} = \frac{F}{B} \tag{5-63}$$

式中:F 为机翼翼梁所围的面积。

弯矩 M 可以用力偶表示为

$$M = NH_{av} \tag{5-64}$$

在轴力 N 的作用下,上、下板件内会分别产生拉应力和压应力。由于桁条和缘条的横剖面尺寸远小于整个机翼和机身的剖面尺寸,所以在计算的时候可以将其看成集中面积,并忽略它们对自身惯性主轴的矩,同时在计算时应考虑承压面中的薄蒙皮屈曲失稳,因此应将桁条或缘条之间的蒙皮按照其承受正应力的能力加到桁条或缘条上。受压蒙皮的有效面积方程为

$$f'_{skin} = \delta b_c = \delta^2 \sqrt{\frac{KE}{\sigma_{cr}}} \tag{5-65}$$

对于机翼剖面来说,翼梁缘条材料往往与桁条不同,在这种情况下,所有元件必须按决定机翼强度的桁条进行减缩。因为在桁条破坏后,桁条的载荷就会转加给翼梁缘条,在不增加机翼外载荷的情况下,缘条也会破坏。

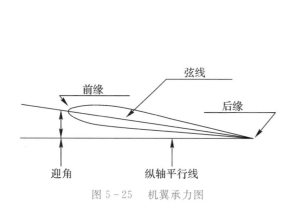

图 5-25 机翼承力图

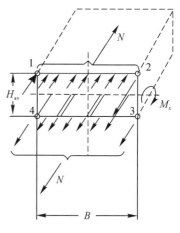

图 5-26 机翼承力简化图

因此取桁条及其附带蒙皮的减缩系数 $\varphi_{fl}=1$，则机翼受压区的缘条的减缩系数为

$$\varphi_{n,c}=\frac{\sigma_{cr,n}}{\sigma_{cr,fl}} \qquad (5-66)$$

受拉区的缘条减缩系数为

$$\varphi_{n,t}=\frac{\sigma_{b,n}}{\sigma_{b,fl}} \qquad (5-67)$$

这样，若考虑机翼 M_x 和 M_y 同时作用，则上壁板受压桁条的应力为

$$\sigma_{st,c}=\frac{M_x}{H_{av}(F_1+F_2)\varphi_{m,c}+\sum f_{st}}+\frac{M_y}{W} \qquad (5-68)$$

式中：F_i 及 f_{st} 为第 i 个缘条面积和附带蒙皮的桁条面积；$W=\sum\dfrac{\delta B^2}{6}$，为水平弯曲时上下

壁板的抗弯截面系数；$\delta=\dfrac{\sum f_{st}}{B}$，为桁条折合为蒙皮的厚度。

机翼下壁板受拉桁条的应力为

$$\sigma_{st,t}=\frac{M_x}{H_{av}(F_3+F_4)\varphi_{n,t}+\sum f_{st}}+\frac{M_y}{W} \qquad (5-69)$$

以上求得的桁条应力即在设计载荷下（极限载荷）的应力。这些应力若小于元件的破坏应力，则说明在这种设计情况下，结构有剩余强度 η 存在：

$$\eta=\frac{元件破坏应力}{元件设计应力} \qquad (5-70)$$

要求 $\eta\geqslant 1$，最好是等于 1 或稍大一些，太大会造成增重。

（1）机翼分段处和开口处的正应力求法。在机翼分段区，如舰载机折叠区，折叠段机翼与基础部分常用铰链连接，即通常采用四点对接。在这种情况下，蒙皮与长桁在靠近分段区有一个参与受力区，在接近接头部位受力很小（见图 5-27），在大于长度 B 后蒙皮和长桁才全部受力，因此在分段区弯矩 M 只由翼梁缘条负担。则前梁上缘条的应力为

$$\sigma_c=\frac{M_x}{H_{av}(F_1+F_2)}+\frac{M_y}{B(F_1+F_4)} \qquad (5-71)$$

$$H_{av}=\frac{H_1+H_2}{2} \qquad (5-72)$$

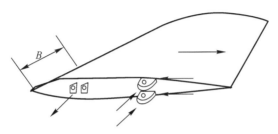

图 5-27　机翼接头部位

（2）变形求法。由正应力引起翼剖面的转角 $\beta = \dfrac{\mathrm{d}f}{\mathrm{d}t}$ ，因此也产生挠度 f 。即机翼弯曲挠度微分方程为

$$\frac{\mathrm{d}^2 f}{\mathrm{d}t^2} = \frac{M}{EJ} \tag{5-73}$$

式中：E 为假想材料的弹性模拟；J 为机翼减缩剖面的惯性矩。对方程积分后可得出挠度曲线。

2. 剪应力和变形计算

（1）应力求法。直梁机翼翼剖面由两个闭室组成，后缘常因开口而不形成闭室。它受到一个作用在压力中心上的剪力 Q［见图 5-28(a)］。可采用力法求解剪流，此时为一度静不定问题。取第一闭室周线上 a 点有纵向开口的翼剖面为基本系统［见图 5-28(b)］，取沿这个开口剖面内作用的剪流为多余约束。

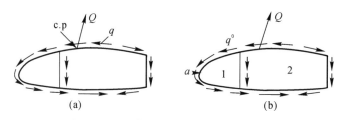

图 5-28　机翼剖面第一闭室开口剪流求解

翼剖面任一点的剪流为

$$q = q^0 + q' q_a \tag{5-74}$$

式中：q^0 及 q' 为基本系统由外力和单位力引起的剪流；q_a 为多余未知剪流。

根据结构力学可知

$$q_a = -\frac{\oint \dfrac{q^0 q' \mathrm{d}l}{G\delta}}{\oint \dfrac{(q')^2 \mathrm{d}l}{G\delta}} \tag{5-75}$$

式中：$\mathrm{d}l$ 为 δ 周线单位长度及厚度。

第一闭室周线上的单位剪流为 $q'_1 = 1$ 。

第二闭室周线上的剪流，可根据下述平衡条件求出：

$$q'_2 = \frac{F_1}{F_2} \tag{5-76}$$

式中：F_1 及 F_2 为第一闭室周线和第二闭室周线所包围的面积。

现在求基本系统在外力作用下的剪流 q^0 。为了求 q^0 ，在第二室周线上一点 n 处再开一缝［见图 5-29(a)］，此时第二室的开剖面剪流 q_{open} 由沿翼展截面的单元体的平衡条件求得［见图 5-29(b)］，即

$$q_{\text{open}} = \frac{\mathrm{d}N}{\mathrm{d}z} \tag{5-77}$$

式中：$N = \dfrac{MS}{I}$，为作用在截面单元体上的纵向力，M 为对翼剖面中性轴的弯矩，S 及 I 为截出单元体减缩面积对翼剖面中性轴的静力矩和翼剖面减缩面积对其中性轴的惯性矩。

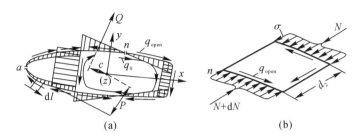

图 5 – 29　机翼剖面第二室开口剪流求解

由结构力学知，图 5 – 29(a) 的开剖面剪流为

$$q_{\text{open}} = Q\,\frac{S}{I} + M\,\frac{\mathrm{d}}{\mathrm{d}z}\left(\frac{S}{I}\right) \tag{5-78}$$

式中：等号右侧第二项是考虑到机翼剖面沿翼展是变化的，在剖面尺寸由翼尖向机身方向增大的情况下，第二项是负的。即由于翼梁的锥度，翼梁缘条有分力（见图 5 – 30）：

$$\Delta Q = \frac{M}{H}\gamma \tag{5-79}$$

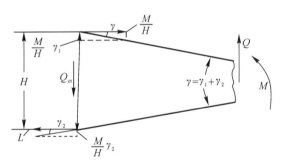

图 5 – 30　翼梁沿展向锥度变化的受力

平衡一部分剪力，因而减少了翼梁腹板载荷，这时梁腹板的剪力为

$$Q_{\text{web}} = Q - \Delta Q \tag{5-80}$$

因此

$$q_{\text{open}} = \left(Q - \frac{M}{H}\gamma\right)\frac{S}{I} \tag{5-81}$$

式中：H 及 γ 为翼梁高度平均值及锥度平均值。

求出 q_{open} 后，再由对 z 轴的力矩方程可求出作用在剖面 n 处的剪流 q_n。有

$$QC + \oint q'_{\text{open}}\rho\,\mathrm{d}l + \oint q_n\rho\,\mathrm{d}l = 0 \tag{5-82}$$

式中：$q'_{\text{open}} = \dfrac{QS}{I}$，为不考虑翼梁锥度时的开剖面剪流。

考虑 q_n 到是常数,而 $\oint \rho \, dl = 2F_2$ 为第二室周线包围面积的两倍。可解得

$$q_n = -\frac{QC + \oint q'_{\text{open}} \rho \, dl}{2F_2} \tag{5-83}$$

有了剪流 q_{open} 及 q_n,就可求出基本系统由外载荷产生的剪流了,即

$$q^0 = q_{\text{open}} + q_n \tag{5-84}$$

这样,翼剖面任一点的剪流就等于

$$q = q^0 + q' q_a \tag{5-85}$$

(2) 变形计算。由于剪力作用,机翼可能发生扭转(φ),总扭转角 α 可由相对扭角的积分求得,即

$$\alpha = \frac{\mathrm{d}\varphi}{\mathrm{d}t} \tag{5-86}$$

例如第二闭室的扭角为

$$\alpha_2 = \frac{1}{2F_2} \oint \frac{q \, \mathrm{d}l}{G\delta} \tag{5-87}$$

所谓刚心,就是翼剖面上的这样一个点:假如剪力通过这点,则不会产生扭矩,因而也不会产生相对扭角。

计算剪切力时可采用下述近似计算方法。

将机翼切割出来一段(见图 5-31),作用在它上面的有剪力 Q(作用在压力中心 c.g 上)、弯矩 M。假定剪力的垂直分力 Q_y 由翼梁承受,并按翼梁的弯曲刚度比例分配给各翼梁,即

$$Q_i = \left(Q_y - \frac{M_x}{H_i} \gamma_i \right) \frac{(EJ)_i}{\sum (EJ)_i} \tag{5-88}$$

式中:M_x 为弯矩的垂直分量;γ_i 为翼梁的锥度,以弧度计;H_i 为翼梁高度;$(EJ)_i$ 为翼梁的弯曲刚度,同时需要考虑相邻桁条及蒙皮的贡献。根据相应的剪力即可求出翼梁腹板内的剪流:

$$q'_{\text{iweb}} = \frac{Q_i}{H_i} \tag{5-89}$$

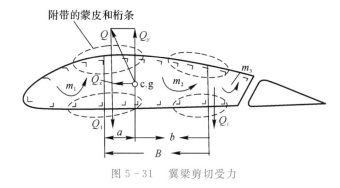

图 5-31　翼梁剪切受力

与翼梁相邻接的蒙皮内的剪流则为

$$q'_{\text{ihull}} = q'_{\text{iweb}} \frac{F_i}{F_i + F_\pi} \tag{5-90}$$

式中：F_π 为翼梁缘条面积；F_i 为与缘条 i 相邻的桁条及蒙皮面积。先按刚度分配，不考虑翼梁锥度时的翼梁剪力为

$$\left. \begin{aligned} Q_1 &= \frac{Q_y}{\sum (EJ)_i} (EJ)_1 \\ Q_2 &= \frac{Q_y}{\sum (EJ)_i} (EJ)_2 \end{aligned} \right\} \tag{5-91}$$

由外力 Q 及内力 Q_1，Q_2 对机翼剖面压心取矩，即可求出扭矩 m，且按照各闭室所扭转的刚度比例分配各闭室，有

$$m_i = m \frac{C_i}{\sum C_i} \tag{5-92}$$

式中

$$C_i = \frac{4F_i^2}{\oint \dfrac{\mathrm{d}l}{G\delta}} \tag{5-93}$$

为第 i 室的扭转刚度，其中 F_i 为第 i 室所包围的面积，$\oint \dfrac{\mathrm{d}l}{G\delta}$ 为沿第 i 室周线积分，在相邻室内要包括翼梁腹板厚度，G 为剪切模数。

由第 i 室的扭矩 m，可求出蒙皮内的剪流为

$$q''_{i,\text{skin}} = \frac{m_i}{2F_i} \tag{5-94}$$

翼梁腹板内的剪流等于两邻室的剪流之差：

$$\left. \begin{aligned} q''_{1\text{web}} &= q''_{1\text{skin}} - q''_{2\text{skin}} \\ q''_{1\text{web}} &= q''_{2\text{skin}} - q''_{3\text{skin}} \end{aligned} \right\} \tag{5-95}$$

可以粗略地认为 $q''_{1\text{web}} \approx q''_{2\text{web}} \approx 0$，得

$$q''_{2\text{skin}} = \frac{m}{2F} \tag{5-96}$$

式中：F 为机翼剖面外围线所包围的面积。

剪力的水平与力 Q_x 由蒙皮承受，即

$$q'''_{\text{skin}} = \frac{Q_x - \dfrac{M_y}{B}\varphi}{2B} \tag{5-97}$$

式中：M_y 为弯矩的水平分量；B 为翼梁之间的距离；φ 为两翼梁在机翼平面内的扭转角。则蒙皮和翼梁腹板内的总剪流可由 q'，q''，q''' 的代数和求得。

求得了剪流，就可以计算剪应力：

$$\tau = \frac{q}{\delta} \tag{5-98}$$

相对扭角 α 可按一个闭室求：

$$\alpha = \alpha_i = \frac{m_i}{c_i} \tag{5-99}$$

粗略地,可假设翼梁不承受扭矩 m,则得

$$\alpha = \frac{m}{4F^2} \oint \frac{dl}{G\delta} \tag{5-100}$$

式中:F 为外围线所围面积;$\oint \frac{dl}{G\delta}$ 为沿外周线取值。

以上是直机翼强度计算的基本方法。现在来研究机翼受扭时开口对应力和变形的影响。

根据用途,机翼上可能有各种不同的开口,有时开口可用加强框补偿或用受力口盖封闭。在这种情况下,开口对机翼受扭时的总体强度不产生影响,只需额外计算一下局部强度即可。例如对于受力口盖,要检查受力口盖连接螺栓与剪流 q 作用下的剪切强度。

倘若机翼在翼梁之间有大开口,例如为了收放起落架机轮的开口,则情况就不同了。在这种情况下,开口处无受力口盖。机翼在受扭转时,同时要产生正应力,这些应力是静力平衡所必需的。通常称开口处平衡扭矩为"参差弯矩"。作为例子,我们来研究双梁式机翼开口段扭矩的传递形式。在这段上两翼梁之间的蒙皮开口(见图 5-32)的开口段长度 L 内,扭矩是由前缘及后缘的扭转(m_N, m_x)以及翼梁弯曲力偶 m_1 来承担的,即

$$m_1 = QB' \tag{5-101}$$

式中:B' 是前缘部与刚心到后缘部与刚心距离。

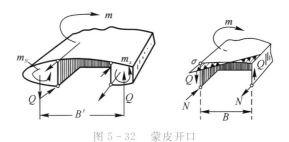

图 5-32　蒙皮开口

力 Q 使翼梁弯曲,翼梁是固定在机翼不开口部分上的,其弯矩如图 5-33 所示,在开口长度 L 上,弯矩为零的那点,是根据机翼开口段及完整段的刚度比例而定的。通常,零弯矩点靠近长度 L 的中点,此时翼梁的最大弯矩为

$$M_{\max} = \frac{m_1}{B'} \frac{L}{2} \tag{5-102}$$

作用在前后翼梁上的两个自身平衡的力矩沿机翼完整段长度逐渐衰减。现在求解 m_H, m_x, m_1。假设开口边界的翼肋绝对刚硬,扭矩 m 将按前缘、后缘以及翼梁的刚度比例,分为前缘、后缘的扭矩,以及弯曲翼梁的力矩。前缘及后缘扭转刚度 C_H 与 C_x 可按一定方法确定。由翼梁弯曲而产生的刚度则为

$$C_1 = \frac{1}{\varphi'_1} \tag{5-103}$$

式中,φ'_1 为在单位扭矩作用下,由翼梁弯曲而引起翼肋的转角,再除以长度 L,即

$$\varphi'_1 = \frac{y_1 + y_2}{B'L} \tag{5-104}$$

式中：y_1，y_2 为前、后翼梁在翼肋平面内的挠度。

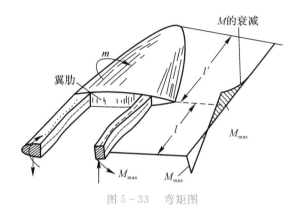

图 5-33 弯矩图

翼梁的弯矩图如图 5-32 所示，取 $m_1 = 1$ 可求得 y_1 及 y_2 的值，而后求得 φ'_1，最后可求得刚度：

$$C_1 = \frac{12EJ_1}{\left(\dfrac{L}{B'}\right)\left(1 + \dfrac{J_1}{J_2}\right)\left(1 + 3\dfrac{D}{L}\right)} \tag{5-105}$$

式中：J_1、J_2 为前、后梁的惯性矩；D 为机翼在机身内的长度。

有了刚度 C_1 即可求得 m_H，m_x，m_1，Q，M_{max}。

对于单块式机翼，略去前缘及后缘时，扭矩就由翼梁腹板的力偶 QB 承担。在这种情况下，翼梁下缘条的最大轴向力为

$$N = \frac{ml}{2BH} \tag{5-106}$$

而上缘条的应力为

$$\sigma = \frac{NB}{W} \tag{5-107}$$

式中：W 为上板件的抗弯截面系数。

3. 翼梁、翼肋及铆缝的计算

（1）翼梁计算。翼梁缘条及腹板的主要应力 σ 和 τ 是由机翼受弯及受剪的计算求得的，在翼梁计算中，还要考虑腹板受剪失去稳定性或腹板上开孔后所引起的附加应力。

梁腹板失去稳定性后，在腹板边框较强情况下形成"张力场承剪"，这是板剪切过屈曲情况，其剪应力差 $\tau - \tau_{cr}$ 变成了腹板的拉应力（见图 5-34）：

$$\sigma_{web} = 2\tau\left(1 - \frac{\tau_{cr}}{\tau}\right) \tag{5-108}$$

式中：τ_{cr} 为腹板的临界剪应力。

这时，翼梁缘条受横载荷弯曲，而支柱受压。假定失稳波纹的斜角为 $45°$，则可把翼梁看作多支点梁，求出其弯矩值：

$$m = \frac{\sigma_{web}\delta_{web}}{24} \tag{5-109}$$

支柱压力为

$$N_{struct} = \frac{\sigma_{web}\delta_{web}l}{2} \tag{5-110}$$

式中:δ_{web} 为翼梁腹板厚度。

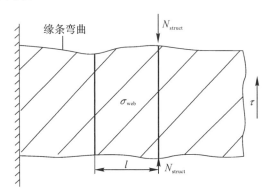

图 5 - 34　梁腹板失稳

在求 m 及 N_{struct} 所引起的应力时,必须在缘条剖面面积及支柱剖面积上加上翼梁腹板的有效面积。对于缘条来说,腹板的有效宽度为 c,对于支柱来说,宽度为 $2c$。必须指出,鉴于缘条受轴向力和横载荷弯曲作用,其承载能力决定了张力场承剪能力,因此能否允许腹板失稳取决于综合设计考虑。对于薄蒙皮的飞机,如轻型飞机可以将机身蒙皮设计成张力场,如早期的 C47 运输机的机身蒙皮就在停机时也进入了张力场。目前战斗机的腹板和机身蒙皮允许在大于使用载荷情况下进入张力场。

有时翼梁腹板上开洞的尺寸较大(如燃油管路通孔等),它使翼梁削弱很多(见图 5-35)。在这种情况下,翼梁腹板要用特殊框加强。假定开洞对翼梁的受力影响仅限于两最邻近支柱之间部分,其长度为 L,在 L 上,框架依靠它的元件局部弯曲把翼梁的剪力传递过去,框架的最大弯矩在剖面上,该剖面包括翼梁缘条、角条,加强环以及翼梁腹板。

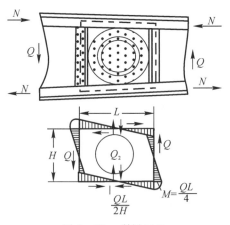

图 5 - 35　翼梁开口

有

$$M_{\max} = \frac{QL}{4} \qquad (5-111)$$

翼梁缘条的最大应力为

$$\sigma_{\max} = \frac{M_{\max}}{W} + \frac{N}{F_{\mathrm{n}}} \qquad (5-112)$$

式中:W 为框架剖面(翼梁缘条及加强环)的抗弯矩;F_{n} 为翼梁缘条剖面面积;N 为翼梁缘条的轴向力。

　　(2)翼肋计算。翼肋的主要用途在于维持翼型的形状,此外,翼肋也参与机翼机构受力,与翼梁、桁条、蒙皮等一起承受机翼载荷,保证机翼强度。在翼肋上作用着各种力,现逐一进行分析。

　　空气载荷直接作用在有桁条支持的蒙皮上,由蒙皮一部分传给翼梁,而大部分传递给翼肋,这是因为翼肋之间距离小于翼梁之间的距离。当机翼受弯时,由纵向构件如桁条、蒙皮的轴向力产生对翼肋的压力,在限制扭转情况下,机翼结构中产生自身平衡的轴向力。翼肋受到剪流 q_{N} 作用。在某些翼肋上,除了上述那些力外,还作用有发动机架、起落架、油箱等传来的集中力。对于普通翼肋来说,主要是空气载荷,而对于加强肋来看,主要承受集中力。翼肋的受力如同梁的受力,其由翼梁、腹板和蒙皮作为支持。蒙皮与翼梁腹板的剪流(支反力)可以根据翼剖面的受力计算求得。翼肋在外力和支反力的作用下处于平衡,就可以把翼肋作为平面梁进行应力计算。

　　(3)铆缝的计算。铆缝一般有纵向的(沿机翼翼展的)和横向的(沿翼弦的)。此外还必须区分:连接蒙皮间的铆缝、连接蒙皮与翼梁缘条的铆缝,以及连接蒙皮与桁条和翼肋的铆缝。

　　连接蒙皮的纵向铆缝的每个铆钉受力为

$$P_1 = \frac{qt}{n} \qquad (5-113)$$

式中:t 为铆钉间距;q 为由机翼受弯和受扭蒙皮内产生的剪流;n 为铆缝的铆钉行数。

　　连接蒙皮与桁条的铆缝的每个铆钉的受力为

$$P_2 = \Delta q t \qquad (5-114)$$

式中:Δq 为由于有桁条而使蒙皮产生的剪流,不是常值,应逐项检查。

　　连接蒙皮横向铆缝的一个铆钉受力为

$$P_3 = \frac{t}{n} \sqrt{q^2 + (\sigma\delta)^2} \qquad (5-115)$$

式中:σ 为由弯矩作用在蒙皮内产生的正应力;δ 为蒙皮厚度;其他符号意义同前。

　　连接蒙皮与翼肋的横向铆缝的一个铆钉的受力为

$$P_4 = qt \qquad (5-116)$$

式中:q 为沿翼肋和翼梁腹板周缘的剪流。

　　以上研究了铆钉受剪,但是也要计算蒙皮受气动载荷而把铆钉拉断的情况。

　　经验证明,计算铆钉受拉时,可以取铆钉的全部剖面面积,而取拉裂破坏应力等于材料抗拉强度的 75%。通常铝合金铆钉性能中没有给出拉伸强度,在受拉情况下,通常以选用高锁螺栓等连接形式为好。

5.3.4 后掠机翼应力计算

此处研究某机身段为内盒段的单块式机翼(见图 5 - 36),在这种机翼中,机翼纵向构件在机身边缘上有转折,而翼肋垂直于机翼轴。

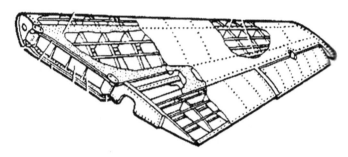

图 5 - 36 某后掠机翼结构示意图

1. 正应力求法

非后掠机翼受弯时的应力状态与后掠机翼的主要区别在根部。因为翼根三角区的母线长度不同,离开根部翼肋 2 - 3(见图 5 - 37)距离大于 B,则正应力分布与直机翼相同,即

$$\sigma = \frac{M}{J} y \varphi \tag{5-117}$$

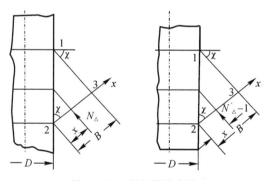

图 5 - 37 根部翼肋变形

现在求根部翼肋剖面上的应力 σ_k。因此,首先假定悬臂梁是绝对刚性的。当根部翼肋旋转一角度 β_k 时,与这转角相对应,根部翼肋剖面上离开中性轴距离为 y 的任一元件就有纵向位移:

$$u = \beta_k y \tag{5-118}$$

把此位移用应力表达(见图 5 - 37)为

$$u = \sum \frac{NN'}{E\varphi \Delta F} L \tag{5-119}$$

式中：N,N' 分别为桁条中由应力 σ_k 产生的轴向力，以及由单位力所产生的轴向力；$L,\Delta F$ 分别为桁条长度，桁条及其附带蒙皮的剖面面积；φ 为减缩系数。上述公式中的求和（$\sum$）是指应该计算所有根部三角段及机身内段的桁条。对于根部三角形段内的桁条，假定沿桁条长度轴向力为常数，得

$$\left.\begin{array}{l} N_\triangle = \sigma_k \Delta F,\ N'_\triangle = 1 \\ L_\triangle = x\tan\chi,\ \Delta F_\triangle = \delta\Delta x \end{array}\right\} \qquad (5-120)$$

对于同一桁条，在机身内段内，有

$$\left.\begin{array}{l} N_\varphi = \sigma_\triangle\cos\chi,\ N'_\varphi = \cos\chi\times 1 \\ L_\varphi = \dfrac{D}{2},\ \Delta F_\varphi = \delta_\varphi\dfrac{\Delta x}{\cos\chi} \end{array}\right\} \qquad (5-121)$$

式中：χ 为后掠角；Δx 为桁条间距；δ,δ_φ 为根部三角形及机身内段翼盒的蒙皮厚度。

把 $N,N',L,\Delta F$ 代入 $u=\sum\dfrac{NN'}{E\varphi F}L$，得

$$u = \frac{\sigma_\varphi}{E}\left(x\tan\chi + \frac{D}{2}\frac{\delta}{\delta_\varphi}\frac{\delta}{\delta_\varphi}\cos^3\chi\right) \qquad (5-122)$$

取两个公式等号右边相等，得

$$\sigma_k = \frac{\beta_k E}{x\tan\chi + \dfrac{D}{2}\dfrac{\delta}{\delta_\varphi}\cos^3\chi} y\varphi \qquad (5-123)$$

由 σ_k 表达式可知，$\sigma_k = f(x)$ 的分布图是双曲线，在后桁条上有应力集中，如图 5-38 所示。

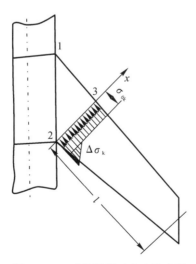

图 5-38　后掠机翼正应力示意图

然而，这是根据悬臂段为绝对刚硬的假设而得到的。事实上，悬臂段是有弹性的。这样当然会减小根部剖面上的应力集中。其原因是悬臂段在自身平衡应力 $\Delta\sigma_k$ 作用下要发生变

形。令 $\Delta\sigma_k$ 为应力 σ_k 与 σ_{0k} 之差(其中,σ_{0k} 是不考虑后掠角 $\sigma = \dfrac{M}{I}y\varphi$ 而求得的应力),有

$$\Delta\sigma_k = \sigma_k - \sigma_{0k} \tag{5-124}$$

要考虑悬臂段的弹性,可在分母中再加上某一数值 ΔL。许多研究证明,$\Delta\sigma_k$ 在机翼展向长度上是按双曲正弦函数规律衰减的,即

$$\Delta\sigma = \Delta\sigma_k \frac{\text{sh}(kz)}{\text{sh}(kL)} \tag{5-125}$$

式中:k 为表明衰减程度的系数;L 为悬臂段长度。

由机翼应变能 U 最小条件可得两个变形一致方程:

$$\frac{\partial u}{\partial k} = 0, \quad \frac{\partial U}{\partial \Delta L} = 0 \tag{5-126}$$

以决定系数 k 和 ΔL。

悬臂段的应变能可由下式表达:

$$U = \int_0^L \left[\frac{B\delta}{E} \int_{-\frac{B}{2}}^{\frac{B}{2}} \Delta\sigma_k \mathrm{d}x + \frac{B}{G\delta} \left(\int_{-\frac{B}{2}}^{\frac{B}{2}} \Delta q_{skin}^2 \Delta x + \Delta q_{CT}^2 \frac{H}{B} \frac{\delta_{skin}}{\delta_{web}} \right) \right] \mathrm{d}E + \frac{2F_n}{E} \int_{-\frac{B}{2}}^{\frac{B}{2}} \Delta\sigma_k^2 \mathrm{d}x \tag{5-127}$$

k 可以足够精确地按下式决定:

$$k = \frac{2}{B\mu} \tag{5-128}$$

其中

$$\mu = 0.633 \sqrt{\frac{\delta}{\delta_{skin}} \frac{1 + \dfrac{5}{9} \dfrac{H}{B} \left(1 + \sigma \dfrac{F_n}{B\delta} \right) F + \dfrac{20}{3} \dfrac{F_n}{B\delta} \left(1 + 3 \dfrac{F_n}{B\delta} \right)}{1 + 6 \dfrac{F_n}{B\delta}}} \tag{5-129}$$

式中:δ_{web} 为翼梁腹板厚度;F_n 为翼根缘条面积;μ 为悬臂段的一种弹性系数,它说明应力 σ_k 沿悬臂段的衰减程度,$B\mu$ 为在 $B\mu$ 长度上应力 $\Delta\sigma_k$ 衰减为零;δ 为有效蒙皮厚度。

$$\delta = \delta_{skin} \varphi_{skin} + \frac{f_{st}}{b} \tag{5-130}$$

$$\varphi_{skin} = \frac{1.9\delta_{skin}}{b} \sqrt{\frac{E}{\sigma_{st}}} \tag{5-131}$$

式中:δ_{skin} 为蒙皮厚度;F_{st} 为桁条剖面积;b 为桁条间距。

ΔL 可以近似等于 $B\mu$,这样求得的 ΔL 值与试验数据和精确的机翼计算结果符合。因此考虑悬臂段弹性时

$$\sigma_k = \frac{\beta E}{x\tan\chi + \dfrac{D}{2}\cos^3\chi + B\mu} y\varphi \tag{5-132}$$

式中:β 为离根部剖面距离为 $B\mu$ 的剖面转角。

把 σ_k 的计算式改写为

$$\sigma_k = \frac{\beta E}{B\tan\chi} y\varphi_{st} \tag{5-133}$$

由此得

$$\varphi_{st} = \frac{\sigma_k B \tan\chi}{Eu} \tag{5-134}$$

这里的 u 是考虑 $B\mu$ 而计算出来的。

或者

$$\varphi_{st} = \frac{\varphi}{\bar{x} + \bar{L}} \tag{5-135}$$

式中

$$\bar{L} = \frac{D}{2B} \frac{\delta}{\delta_\varphi} \frac{\cos^4\chi}{\sin\chi} + \frac{\mu}{\tan\chi} \tag{5-136}$$

$$\bar{x} = \frac{x}{B} \tag{5-137}$$

式中：φ_{st} 为后掠机翼中应力集中的桁条减缩系数。

把上述表达式代入平衡方程：

$$M = \int_F y\sigma_k dF = \int_F \frac{\beta E}{B\tan\chi} y^2 \varphi_{st} dF = \frac{\beta E}{B\tan\chi} \int_F y^2 \varphi_{st} dF = \frac{\beta E}{B\tan\chi} J_{st} = \frac{\sigma_k}{y\varphi_{st}} J_{st} \tag{5-138}$$

得

$$\sigma_k = \frac{M}{J_{st}} y\varphi_{st} \tag{5-139}$$

式中：M_k 为机翼的根部剖面弯矩；$J_{st} = \int_F y^2 \varphi_{st} dF$，为根部剖面减缩后中性轴的惯性矩。

悬臂段离自由端距离 z 的剖面应力可按下式确定：

$$\sigma = \sigma_0 + \Delta\sigma_k \frac{\mathrm{sh}(kz)}{\mathrm{sh}(kL)} \tag{5-140}$$

式中：$\sigma_0 = \frac{M}{J} y\varphi$，为不考虑后掠的机翼正应力；$\Delta\sigma_k = \sigma_k - \sigma_{0k}$；$k = \frac{2}{B\mu}$。

对比公式 $\sigma_k = \frac{M_k}{J_{st}} y\varphi_{st}$ 和 $\sigma = \frac{M}{J} y\varphi$ 可以看出，其差别仅在于减缩系数 φ_{st}。

因此后掠机翼受弯时，根部剖面的计算同直机翼一样，但需用它自己的减缩系数 φ_{st}。

根部减缩剖面的重心坐标和中性轴的倾斜角由 φ_{st} 决定。在推导公式 $\sigma_k = \frac{M_k}{J_{st}} y\varphi_{st}$ 时曾假设，沿根部三角区桁条的应力是常数，并且等于 σ_k。这种假设仅当每根桁条都是等剖面的，并且在根部三角的蒙皮内没有剪流时才是正确的。实际蒙皮有剪流 q_{skin}，它是由于根部三角形的桁条长度不同而产生的。

计算证明，这些剪流对 σ_k 的影响可以忽略不计，σ_k 的计算已经足够精确。

至于机身段内，则由于上述剪应力将产生额外的正应力，此时边缘剖面上的正应力 σ_B 可以近似按下式及计算。

$$\sigma_B = \frac{M_B}{J_B} y\varphi_{st} \tag{5-141}$$

式中：M_B 为机翼边缘剖面上的弯矩；J_B 为边缘减缩剖面的惯性矩在机翼剖面上作用的剪流

q_b(见图 5 - 39)。剪流是由纵向骨架的转折而产生的,这些剪流可以按下列公式求得:

$$q_b = \sigma_B \delta_\varphi \tan\chi \tag{5-142}$$

对于无缘条($F_n = 0$)矩形的盒式机翼,弯矩仅由水平板件承受(见图 5 - 40)。

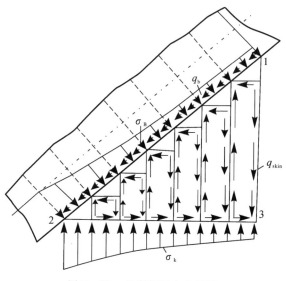

图 5 - 39 机翼剖面上的剪流

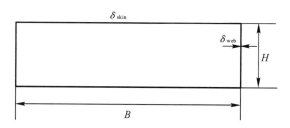

图 5 - 40 盒式机翼上的矩形剖面

令

$$\bar{\sigma}_k = \frac{\sigma_k}{\sigma_{0k}} = \frac{\varphi_{st}}{\int_0^1 \varphi_{st} \, d\bar{x}} \tag{5-143}$$

由于 $\varphi_{st} = \dfrac{\varphi}{\bar{x} + \bar{L}}$,令 $\varphi = 1$,代入式(5 - 143)后得

$$\sigma_k = \frac{1}{(\bar{x} + \bar{L})\ln\left(1 + \dfrac{1}{\bar{L}}\right)} \tag{5-144}$$

式中:$\sigma_{0k} = \dfrac{M_k}{BH\delta}$,为不考虑后掠角影响时板件内的应力;$\bar{x}$ 和 $\bar{L}$ 分别为

$$\bar{x} = \frac{x}{B} \tag{5-145}$$

$$\bar{L} = \frac{D}{2B} \frac{\delta}{\delta_\varphi} \frac{\cos^4 \chi}{\sin \chi} + \frac{\mu}{\tan \chi} \tag{5-146}$$

在 $F_n = 0$ 时，$\mu = 0.633 \sqrt{\dfrac{b}{\delta_{skin}} \left(1 + \dfrac{5}{9} \dfrac{H}{B} \dfrac{\delta_{skin}}{\delta_{web}}\right)}$。

若有 $\dfrac{D}{2B} = 0.65$，$\dfrac{H}{B} = 0.25$，$\delta_\varphi = \delta = 2\delta_{skin}$，$\delta_{skin} = \delta_{web}$，此时 $\mu = 1$，则可算得 $\bar{\sigma}_k = f(\bar{x})$。据此绘制出的曲线如图 5-41 所示。

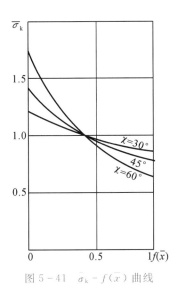

图 5-41　$\bar{\sigma}_k - f(\bar{x})$ 曲线

由曲线 $\bar{\sigma}_k - f(\bar{x})$ 看出，后墙附件的应力集中随后掠角增大而增大，在 $x = 60°$ 情况下，后长桁应力增大了 70%。

2. 超过比例极限后的计算

当物体应力超过比例极限后（在极限载荷作用下），在计算中可用减缩系数来迭代计算，也可采用图解与分析法进行计算。

以对称矩形剖面为例，计算方法如下：

(1) 给出各个不同的转角 β 值，求出应变值（可取 $\varphi = 1$），即

$$\varepsilon = \frac{\beta}{B \tan \chi} y \varphi_{st} \tag{5-147}$$

(2) 在材料应力-应变曲线 $\sigma = f(\varepsilon)$［见图 5-42(a)］中，求出每个桁条相应的 σ_k 值。

(3) 依据 σ_k 值，按式 $M_k = \displaystyle\int_F y \sigma_k \mathrm{d}F$ 求出与给定 β 值相对应的 M_k 值［见图 5-42(b)］。

(4) 分别画出 $\bar{M}_k = \dfrac{M_k}{BH\delta\sigma_b}$ 与 β 及 $\bar{\sigma}_k = \dfrac{\sigma_k}{\sigma_b}$ 与 $\bar{x}$ 的函数曲线［见图 5-42(b)(c)］，此时所用的 $\sigma = f(\varepsilon)$ 曲线简化为图 5-42(d)，其中，ε_{PL} 与 ε_b 分别是比例极限及强度极限所对应的应变，β_{PL}，β_b 和 $\bar{M}_{PL}$，$\bar{M}_b$ 是相应的剖面转角和弯矩值。

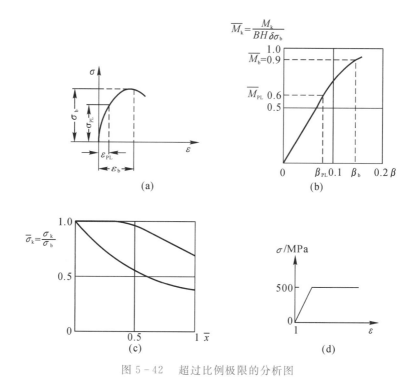

图 5 - 42　超过比例极限的分析图

3. 剪应力计算

后掠机翼在悬臂段内,由扭矩及剪力所引起的剪力可以参照直机翼进行求解。同时由于机翼在机身段内和根部的弹性,固定端的影响很小。悬臂段的任一剖面上的剪流是由 q_0 和 Δq 组成的(见图 5 - 43),是由机翼受弯时额外正应力

$$\Delta \sigma = \Delta \sigma_k \frac{\mathrm{sh}(kz)}{\mathrm{sh}(kL)} \qquad (5-148)$$

所引起的。

总剪流为

$$q = q_0 + \Delta q \qquad (5-149)$$

当时,机翼腹板的剪流为

$$\Delta q_{\mathrm{web}} = \frac{\sigma_{0k}\delta}{\mu} \left[0.5 - \frac{1}{\ln\left(1+\dfrac{1}{\bar{L}}\right)} + \bar{L} \right] \frac{\mathrm{ch}(kz)}{\mathrm{sh}(kL)} \qquad (5-150)$$

$$\Delta q_{\mathrm{skin}} = \Delta q_{\mathrm{web}} - \frac{2\sigma_{0k}\delta}{\mu} \left[\frac{\ln\left(1+\dfrac{\bar{x}}{\bar{L}}\right)}{\ln\left(1+\dfrac{1}{\bar{L}}\right)} - \bar{x} \right] \frac{\mathrm{ch}(kz)}{\mathrm{sh}(kL)} \qquad (5-151)$$

经比较计算证明,后梁腹板的剪流可能增大约 50%,主要是由于后掠角的缘故。根部三角形段的剪流将根据剪力和扭矩作用求解。

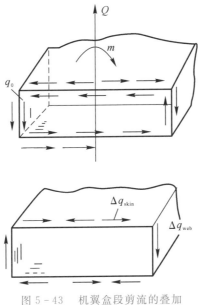

图 5 - 43　机翼盒段剪流的叠加

后梁腹板的剪力直接传给机身。前梁腹板的剪力作用相当于扭矩作用(对三角区而言)。

为了计算根部三角形由于扭矩及剪力而产生的应力,假定这三角形段的纵向骨架内的应力等于零。在这种情况下,机翼扭矩和前梁剪力将依靠翼肋的弯曲和根部三角形段蒙皮剪流 q_{skin} 传到机身上[见图 5 - 44(a)]。根部翼肋平面的剪流为

$$q_k = \frac{m_k + Q_{1k}B}{2BH} \tag{5-152}$$

式中: m_k, Q_{1k} 分别为机翼扭矩及前梁腹板剪流,它们从悬臂段作用到根部剖面上。

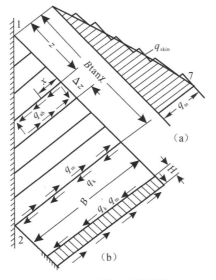

图 5 - 44　根部三角形的受力

剪流q_k一部分由根部翼肋负担后,逐渐地沿蒙皮闭室传给一个个翼肋,到节点1降为零[见图5-44(a)]。倘若翼肋分布很密,则阶梯形的q_{skin}分布情况可以用$\bar{z}$的r次幂函数表达,即

$$q_{skin} = q_m - \bar{z} \tag{5-153}$$

式中:q_m为蒙皮剪力最大值;$\bar{z} = \dfrac{z}{B \tan\chi}$,为相对坐标;幂次$r$可由根部三角形的应变能最小条件决定。有了中间翼肋各剖面的弯矩$m = \dfrac{\mathrm{d}q_{skin}}{\mathrm{d}z}2Hx$,就可以得到根部三角形的应变能$V$了,再由应变能最小条件$\dfrac{\partial V}{\partial r} = 0$求出$r$。$q_m$可由蒙皮与根部翼肋的变形一致条件求出,为了写出该条件,必须知道根部翼肋的弯矩[见图5-44(b)],$M_{kH} = (q_k - q_m)2Hx$,再根据此力矩列出正则方程。

4. 边缘翼肋受力情况

由于机翼弯曲和扭转,边缘翼肋1-2要受力,边缘翼肋1-2腹板中产生的总剪流q_b可以按下式由机翼的合力确定:

$$q_b \approx \frac{R_1}{H} \tag{5-154}$$

式中:$R_1 = p\dfrac{e}{B}\cos\chi$,为当边缘翼肋在构造上属于机翼,而机翼以铰链悬挂在机身上时,机翼前支点的反力[见图5-45(a)];$R_1 = (pe - \Delta NH)\dfrac{\cos\chi}{B}$,为当边缘是机身侧壁的一部分,机翼周缘与机身相连接时,机翼前支点反力[见图5-45(b)];$\Delta N = N_{tail} - N_{nose}$为机身尾段与前段上弯矩引起的轴向力之差,$H$为边缘翼肋的高度,$e$为作用在机翼上的合力$P$在机身侧壁平面的投影到节点2的距离。

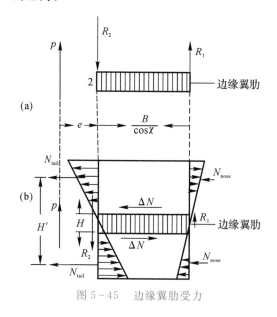

图5-45　边缘翼肋受力

5. 后掠机翼设计计算

为了选定机翼根部剖面内及边缘剖面上的壁板厚度,假定这两剖面都是矩形的。水平壁板的有效蒙皮厚度 δ 可由下式确定:

$$\delta = \frac{M}{\sigma B H \overline{L} \ln\left(1 + \dfrac{1}{\overline{L}}\right)} \tag{5-155}$$

式中:M 为根部剖面或边缘剖面上的弯矩;B,H 分别为翼梁之间的距离及根部剖面或边缘剖面的平均高度;σ 为破坏应力,在受拉区它等于 σ_b,在受压区它等于桁条的临界应力。

为了确定 $\overline{L}$,可假定 $\dfrac{\delta}{\delta_\varphi} = \dfrac{\delta_{skin}}{\delta_{web}} = 1$,$\dfrac{\delta}{\delta_{skin}} = 1.5 - 2$。

知道了 $\overline{L}$ 的值,也就知道了 δ_{skin},于是在给定桁条间距后,就可以由有效厚度的表达式

$$\delta = \delta_{skin} \varphi_{skin} + \frac{f_{st}}{b} \tag{5-156}$$

确定所需要的桁条面积了。在设计计算时,可假定受拉区蒙皮减缩系数 $\varphi_{skin} = 1$,而受压区 $\varphi_{skin} = \dfrac{30\delta_{skin}}{b} \leqslant 1$。

现在来选定边缘剖面 1-2 内机翼水平壁板的连接螺栓。

连接螺栓受拉力:

$$N = \frac{M_b t}{L_{1-2} H (\overline{x} + \overline{L}) \ln\left(1 + \dfrac{1}{\overline{L}}\right)} \tag{5-157}$$

式中:M_b 为边缘剖面上的弯矩;t 为螺栓的间距。

螺栓又受剪力

$$T = N \tan\chi \tag{5-158}$$

按照拉力,根据螺颈拉裂条件选取螺栓,而后按力

$$R = N \sqrt{1 + 4\tan^2\chi} \tag{5-159}$$

并根据第三强度理论确定螺栓的直径。对于重要连接螺栓,需要在计算出的载荷上再乘以附加安全系数 1.25。

在机翼根部 2-3 剖面内,翼梁腹板的厚度可由其受剪稳定性确定:

$$\delta_{web} = \frac{q_{web}}{\tau_{cr}} \tag{5-160}$$

式中:δ_{web} 为临界剪应力;q_{web} 为腹板剪流,它可以表达为三项代数和,即

$$q_{web} = q_Q + q_m + q_{web} \tag{5-161}$$

其中,q_Q 为

$$q_Q = \frac{Q_k - \dfrac{M_k}{H} r}{H_1^2 + H_2^2} H_i \tag{5-162}$$

式中:q_Q 为考虑到机翼斜削度 r 时,根部剖面上剪力 Q_k 在高度为 H_i 的腹板中引起的剪流;

$q_m = \dfrac{m_k}{2BH}$ 为绕刚心的扭矩 m_k 所引起的剪流,这个刚心是按翼梁高度二次方 H_1^2 和 H_2^2 的重心求得的;q_{web} 为由于机翼后掠角所决定的剪流,有

$$\Delta q_{web} = \frac{M_k}{BH\mu}\left[0.5 - \frac{1}{\ln\left(1 + \dfrac{1}{\bar{L}}\right)} + \bar{L}\right] \tag{5-163}$$

考虑到机翼载荷按弦长比例分配时

$$\frac{M_k}{Q_k} = \frac{L}{3}\frac{2+\eta}{1+\eta} \tag{5-164}$$

即得

$$q_{web} = \frac{Q_k}{H}(v + \xi) + q_m \tag{5-165}$$

式中

$$v = \left(1 - \frac{B}{H}\frac{\lambda v}{3}\frac{2+\eta}{1+\eta}\right)\frac{HH_i}{H_1^2 + H_1^2} \tag{5-166}$$

$$\xi = \frac{\lambda}{3\mu}\frac{2+\eta}{1+\eta}\left[0.5 + \frac{1}{\ln\left(1 + \dfrac{1}{\bar{L}}\right)} + \bar{L}\right] \tag{5-167}$$

式中:$\lambda = \dfrac{L}{B}$ 及 η 分别为长度为 L 的悬臂段的展弦比及梯形比。

按照 q_{web} 的表达式,可求得悬臂段剖面上的腹板剪流。

腹板 1-3 内的剪流可以近似地这样求得,即研究根部三角形在力矩 m_0 下的扭转,该力矩是由机翼载荷对后翼轴取矩计算得到的。其表达式如下:

$$q_{1-3} = \frac{m_0}{2BH} \tag{5-168}$$

6. 后掠机翼的变形

悬臂段内任一剖面的转角可以按下式求得:

$$\beta = \int \frac{M}{EJ}dE + \beta_k \tag{5-169}$$

式中:β 为根剖面转角的平均值,有

$$\beta_k = \int_0^1 \frac{u}{y}d\bar{x} \tag{5-170}$$

其中:u 为根剖面上的元件的纵向位移,为

$$u = \sum \frac{NN'}{E\varphi\Delta F}L \tag{5-171}$$

y 为该元件到剖面中性轴的距离。

将 u 值代入式(5-170),得

$$\beta_k = \frac{M_k B\tan\chi}{EJ}\left[1 - \frac{\mu}{\tan\chi}\ln\left(1 + \frac{1}{\bar{L}}\right)\right] \tag{5-172}$$

式中:M_k 为机翼根剖面上的弯矩;J 为根部剖面减缩后的惯性矩。

积分即得机翼后梁的挠度:

$$f = \int \beta \, \mathrm{d}E \tag{5-173}$$

由于根部翼肋绕后梁有一转角,前梁的挠度要比后梁大 Δf_k,即

$$f_{\text{nep}} = f + \Delta f_k \tag{5-174}$$

式中

$$\left.\begin{aligned}
\Delta f_k &= \frac{M_k}{EI} \left(\frac{y \varphi_{\text{jo}}}{H} \right)_{\bar{x}=1} (1 + 2\overline{L}_\varphi) B^2 \tan^2 \chi \\
\overline{L}_\varphi &= \frac{D}{2B} \frac{\delta}{\delta_\varphi} \frac{\cos^4 \chi}{\sin \chi}
\end{aligned}\right\} \tag{5-175}$$

现举一例,求矩形剖面盒式机翼受分布载荷时其翼尖的挠度。在这种情况下,有

$$f = f^0 \frac{1 + \dfrac{4\xi}{\lambda}}{1 + \dfrac{2D}{B\lambda}} \tag{5-176}$$

式中:f^0 为直机翼翼尖挠度

$$\xi = \frac{\tan \chi}{\ln \left(1 + \dfrac{1}{L} \right)} - \mu \tag{5-177}$$

$\lambda = \dfrac{L}{B}$ 为悬臂段的展弦比。

设 $\mu = 1, \delta = \delta_\varphi, \lambda = 4, \dfrac{D}{B} = 1.3, \dfrac{D}{B} = 0$,可画出 $\overline{f} = \dfrac{f}{f_0}$ 为 χ 函数的曲线(见图 5-46)。

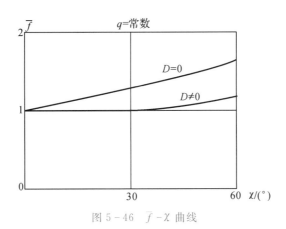

图 5-46　$\overline{f}$-χ 曲线

由这两条曲线可见,在 $D = 0$ 情况下,后掠机翼翼尖挠度比直机翼约大 70%,而在 $D \neq 0$ 的情况下,则最多大 10%(当 $\chi = 60°$ 时)。其原因是直翼的机身内段的变形差不多要等于后掠机翼的机翼的机身内段和根部三角形的变形之和。

悬臂段任一剖面的扭角可以按下式求得:

$$\alpha = \int \frac{m\,dz}{GJ_{cr}} + \alpha_k \tag{5-178}$$

其中:α_k 为根剖面扭角。

在机翼翼尖受集中扭矩情况下,翼尖扭角除以 $\int \frac{m\,dz}{GJ_{cr}}$ 得相对扭角为

$$\bar{\alpha}_m = 1 + \bar{\alpha}_k \tag{5-179}$$

在机翼沿翼展受均匀分布扭矩(单位长度的)m 的情况下,有

$$\bar{\alpha}_m = 1 + 2\bar{\alpha}_{k0} \tag{5-180}$$

只要知道机翼根段在 m_k 扭矩作用下产生的内力,$\bar{\alpha}_k$ 就可以按后掠机翼根部剪流相似的公式求解。

对于矩形剖面的盒式机翼,根部剖面扭角为

$$\alpha_k = \frac{\tan\chi}{2\left(1 + \dfrac{H}{B}\dfrac{\delta_{skin}}{\delta_{web}}\right)(1+r)} \left[1 + \frac{H}{B}\frac{\delta_{skin}}{\delta_{web}}\frac{1+r}{1+2r} + \left(\frac{r}{\tan\chi}\right)^2 + 3\bar{L}_\varphi \frac{\delta_{skin}}{\delta}\frac{(1+r)^3}{1+2r}\tan^2\chi \right] \tag{5-181}$$

式中:$\lambda = \dfrac{L}{B}$ 为悬臂段的展弦比;r 为 $q_{skin} = f(\bar{L}^r)$ 中的 r 次幂,有

$$r = \sqrt{1+a} - 1 \tag{5-182}$$

式中:$a = 4\dfrac{J'_H}{H_{skin}^2}\tan^2\chi$;$J'_H = \dfrac{J_H}{\Delta E}$ 为每单位宽度翼肋的惯性矩(三角段内);ΔE 为翼肋间隔。

设 $\lambda = 4$,$\dfrac{D}{B} = 1.3$,$\dfrac{H}{B} = 0.2$,$\delta_{0\sigma} = \delta_{CT} = \delta_\varphi$,可画出后掠单块式机翼曲线 $\bar{\alpha}_m$(见图 5-47),$\bar{\alpha}_m$ 随后掠角的增加而增加。

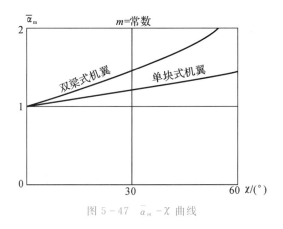

图 5-47 $\bar{\alpha}_m$-χ 曲线

5.4　机身强度计算

5.4.1　作用在机身上的载荷

机身是支持飞机许多部件的基体,如机翼、尾翼、起落架和动力装置。除此之外,机身内还装载乘员、燃料、武器、发动机、设备等。歼击机的机身外廓尺寸通常由发动机、座舱或武器的尺寸来决定。民航机机身外廓尺寸则由装货舱、乘员舱的大小来决定。不论在飞行中还是在起飞降落中,作用在机身上的主要载荷都是由与机身相连的飞机各部件(如机翼、尾翼、起落架、动力装置)传给机身的。除此之外,机身所受力还有机身内部载重(包括燃油)和设备的质量力,以及本身结构的质量力。机身也受表面气动吸力和压力,其大小在个别地方如座舱盖,前段等可能达到 70 000Pa,这些数值相当大的载荷,对机身局部强度有很大影响,如图 5 - 48 所示。

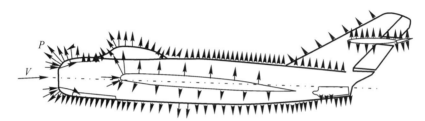

图 5 - 48　机身的气动载荷

机身载荷的大小、方向和分布应按强度规范要求,通过风洞试验或气动力计算求得。强度规范要求在各种飞行和着陆设计情况下保证机身结构强度。

1. 作用在飞机对称面内的载荷和垂直于飞机对称面的载荷

(1)平行对称面内的载荷。在曲线飞行时,作用在飞机上的有机翼升力 L 和尾翼上的升力 L(见图 5 - 49)、机翼的升力按过载系数算出,n 是强度规范对不同设计情况给定的过载系数,有

$$L_w = nG \qquad (5 - 183)$$

水平尾翼的升力(见图 5 - 48)为

$$l_{h.t} = L_{eq} \pm \Delta L \qquad (5 - 184)$$

式中:$L_{eq} = f\dfrac{M}{l_{h.t}}$ 为尾翼平衡载荷,其中,M 为飞机的气动力对通过重心的垂直轴或横轴的力矩,$l_{h.t}$ 为飞机重心到该尾面压中心的距离,f 为安全系数;$\Delta L = fk_1 n^s p S_{h.t}$,为尾翼机动载荷,其中,$n^s$ 为飞机机动时的过载,$p = \dfrac{G}{S}$,为机翼单位面积的载荷(翼载),$S_{h.t}$ 为尾翼面积,k_1 为由强度规范确定的系数。

飞机的升力为

$$L = L_w \pm L_{h.t} \qquad (5 - 185)$$

它可使飞机产生平移加速度,此加速度对飞机各点总是相同的,即

$$\frac{L_{\mathrm{w}} \pm L_{\mathrm{h.t}}}{G} \qquad (5-186)$$

力 ΔY 还使飞机产生角加速度:

$$\varepsilon_z = \frac{\Delta L l}{I_z} \qquad (5-187)$$

式中:$I_z = \dfrac{G}{g} i_z^2$,为飞机质量对 z 轴的转动惯量,其中,i_z 为飞机绕 z 轴的惯性半径,其近似值可取为 $0.16l$,l 为飞机长度。

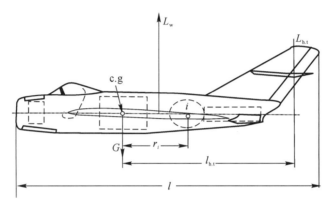

图 5-49　飞机对称面载荷平衡

对应于角加速度 ε_z,飞机任一点 i 都产生以下额外过载:

$$\frac{\varepsilon_z}{g} r_i \qquad (5-188)$$

此过载是垂直于半径 r_i 的,质量 i 的总过载等于两个过载的几何和。

在此情况下,可以近似地按代数和求总过载:

$$n_i = \frac{L_{\mathrm{w}} \pm L_{\mathrm{h.t}}}{G} \pm \frac{\varepsilon_z}{g} r_i \qquad (5-189)$$

降落时作用在飞机上有地面反作用力 P。力 P 使飞机产生在力 P 的方向上的平移加速度,任一点 i 对应于此加速度的过载为

$$\frac{P}{G} \qquad (5-190)$$

由力矩 Pa 产生的角加速度 $\varepsilon_z = \dfrac{Pa}{I_z}$ 在任一点 i 产生额外过载:

$$\frac{\varepsilon_z}{g} r_i \qquad (5-191)$$

此过载垂直半径 r_{io},质量 i 的总过载由两个过载的向量和求得。

(2)垂直于对称面的载荷当飞机侧滑时,对垂直尾翼所规定的受载情况。在这种情况下,作用在飞机上的有垂直尾翼的力为

$$P_{\text{v.t}} = P_{\text{eq}} + \Delta P \tag{5-192}$$

机身前段的气动力为

$$P_{\text{nose}} = P_{\text{eq}} \frac{l_{\text{v.t}}}{l_{\text{nose}}} \tag{5-193}$$

作用在飞机上的总力为

$$P = P_{\text{eq}} + \Delta P + P_{\text{nose}} \tag{5-194}$$

此力产生顺力方向的平移加速度,对应的加速度过载为

$$\frac{P}{G} \tag{5-195}$$

力 ΔP 也产生角加速度,则有

$$\varepsilon_y = \frac{\Delta P l_{\text{v.t}}}{I_y} \tag{5-196}$$

式中：$I_y = \dfrac{G}{g} i_y^2$,为飞机绕 y 轴的转动惯量；i_y 为飞机绕 y 轴的惯性半径。

由加速度 ε_y,飞机各点 i 受到一个外加的载荷为

$$\frac{\varepsilon_y}{g} r_i \tag{5-197}$$

对于机身内任一点质量 i 其侧向过载为 n_i 为

$$n_i = \frac{P_{\text{eq}} + \Delta p + P_{\text{f.f}}}{G} + \frac{\varepsilon_y}{g} r_i \tag{5-198}$$

2. 作载荷图

（1）按过载 n_i,可求出机身内各载重和组件的质量力：

$$P_i = n_i G_i \tag{5-199}$$

（2）机身自身结构的质量力相对来说较小,在计算中,常将其附加到集中力上去。

（3）机身的受力形式可看作双支点梁[见图 5-50(a)],负载为机翼的集中力 P_1 和 P_2,以及各组件的集中力,机身的支点是机翼相连接的前接头和后接头。图 5-50(b)给出了剪力、弯矩图。

（4）对各种设计情况来说,都要作出载荷图以选出最严重的载荷。一般对机身弯曲来说,最危险的是不考虑水平尾翼机动载荷的 A 情况,因为 L_{eq} 与 ΔL 的方向相反。对扭转来说,设计情况一般是垂尾的机动载荷。

3. 载荷在机身结构元件中的传递

从结构力学观点来看,近代飞机机身是一个薄壁壳体,所受的载荷主要是集中力。

在这些载荷作用下,机身要承受弯曲和扭转。机身是由带蒙皮的骨架构成的。骨架本身由纵向元件桁条和横向骨架-隔框组成。

由飞机各部件载重和组件传来的集中力直接作用于隔框上,隔框将载荷以剪流形式传给蒙皮。同时这些集中力使机身受弯和受扭。弯矩产生了轴向力 —— 桁条和蒙皮的正应力。因扭矩和剪力,蒙皮产生剪应力。

在大多数飞机上,蒙皮是固定在普通框上的。此时,桁条就局部穿过隔框,并以翻边或

专用角片和隔框相连。附带指出,隔框的局部削弱完全由蒙皮得到补偿。因为蒙皮在受力时是隔框的一部分。有时隔框只与桁条相连,完全起了桁条支点的作用。加强框将局部集中力传给蒙皮,因此必须和蒙皮连在一起。

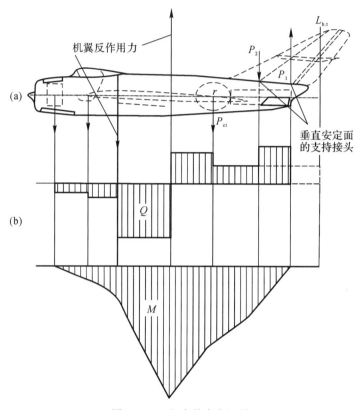

图 5-50　机身剪力弯矩图

(a) 简化为梁的机身受力形式;(b) 机身的剪力 Q、弯矩 M 图

沿机身长度方向有许多大开口用来安放设备和载重,还有座舱开口、起落架开口、武器舱门开口等。在开口区没有桁条和蒙皮,这就削弱了结构。为了补偿,在开口两端有加强框,在纵向有加强桁条或桁梁。加强桁条在机身纵向应从开口两端分别延伸一段距离。

5.4.2　机身应力和变形计算

机身的计算在很大程度上和机翼相似,全部计算归结为求出桁条中由弯矩 M 产生的正应力和蒙皮中由剪力 Q 和扭矩 m 产生的剪力。将这些应力和破坏应力相比较就可以判断结构的强度。

机身的破坏可能是由于受拉区和受压区中桁条和蒙皮的破坏或者蒙皮受剪破坏。

机身桁条正应力可按以下公式计算(见图 5-51):

$$\sigma = \frac{M}{J}y \qquad\qquad (5-200)$$

式中：$J = \sum (F_{st} + \varphi_{skin} \delta_{skin} b) y^2$，为机身减缩剖面的惯性矩，其中，$F_{st}$ 为桁条剖面面积，b 为桁条间距，δ_{skin} 为机身蒙皮厚度，$\varphi_{skin} = \sqrt{\dfrac{\sigma_{cr,skin}}{\sigma}}$，为机身受压蒙皮减缩系数；$\sigma_{cr,skin}$ 为蒙皮临界应力；y 为减缩剖面中性轴到任一桁条的距离，σ 为桁条应力。

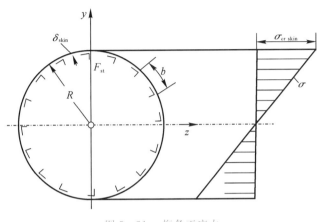

图 5 - 51　桁条正应力

可以通过近似法先给出受压区桁条应力 σ，按所得 σ 算 φ_{skin}，再求 σ，如此反复，直到邻近两次近似所得的 σ 相同为止。

若按照应力沿机身剖面高度是线性分布且 $\sigma_{max} = \sigma_{cr,jo}$ 来定 φ_{skin} 的第一次近似值，则可使计算加快。

若将桁条均匀地分布到蒙皮上去，可以得到求 σ 的近似公式。这样机身就变成有当量有效厚度的壳体了，即有

$$\delta = \varphi_{skin} \delta_{skin} + \frac{F_{st}}{b} \tag{5 - 201}$$

设有效厚度为一常数的圆形机身剖面惯性矩为

$$J = \pi R^3 \delta \tag{5 - 202}$$

当 $y = R$ 时，得最大应力为

$$\sigma_{max} = \frac{M}{\pi R^2 \delta} \tag{5 - 203}$$

机身弯曲时蒙皮中剪流的求法和封闭壳体一样，可利用下式[见图 5 - 52(a)]计算：

$$q_0 = \left(Q - \frac{M}{2R} r \right) \frac{S}{L} \tag{5 - 204}$$

式中：Q 为作用在机身剖面内的剪力；r 为机身锥度角；$S = \sum (F_{st} + \varphi_{skin} \delta_{skin} b) y$，为剖面减缩端的静力矩；$\dfrac{M}{2R} r$ 项是考虑到由于机身锥度的原因，使力 Q 的一部分由正应力平衡[见图 5 - 52(b)]。

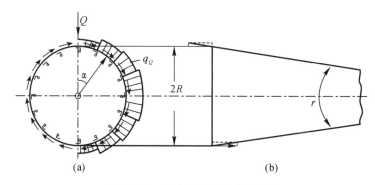

图 5-52　带锥度的机身载荷传递

将机身看成是具有等厚度 δ 的假想蒙皮,可得计算 q_Q 的近似公式,对于圆形剖面的机身,隔框部分的静力矩为

$$S = \delta R^2 \sin\alpha \qquad (5-205)$$

其中:α 为中心角,由剖面上静力矩等于零的那点算起。

将 J 和 S 值代入,对圆剖面的机身可得

$$q_Q = \frac{Q - \dfrac{M}{2R}r}{\pi R}\sin\alpha_0 \qquad (5-206)$$

q_Q 的最大值位于 $\alpha = \dfrac{\pi}{2}$ 处。

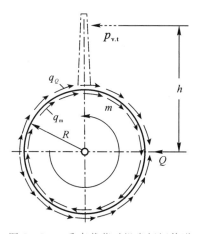

图 5-53　垂直载荷对机身扭矩传递

若机身还受扭矩 m,如当尾翼有载荷时 $m = P_{v.t}h$,必须将由扭矩产生的剪流加到 q_0 上去(见图 5-53):

$$q_m = \frac{m}{2\pi R^2} \qquad (5-207)$$

剪流的总值 q 是两者的代数和:

$$q = q_Q + q_m \tag{5-208}$$

由图 5-53 可知,在上部拱处,蒙皮剪流相加;在下部相减。

已知剪流后,可求蒙皮剪应力为

$$\tau = \frac{q}{\delta_{skin}} \tag{5-209}$$

将机身的弯曲轴线的微分方程积分,可以求得挠度为

$$\frac{M}{EJ} = \frac{d^2 f}{dx^2} \tag{5-210}$$

从机翼连接处开始积分,且认为此处机身剖面的挠度为零,即

$$\frac{df}{dx} = f = 0 \tag{5-211}$$

机身任一剖面由扭矩产生的绝对扭角 φ 可将相对扭角求曲线积分而得:

$$\varphi = \int \alpha \, dx \tag{5-212}$$

式中:

$$\alpha = \frac{m}{4\pi^2 R^2} \oint \frac{dL}{G\delta_{skin}}$$

其中: G 为蒙皮材料剪切弹性模量;dL 为蒙皮沿机身剖面周边的微段长度。

若蒙皮沿周边是常量,剪切力是常量,因此

$$\alpha = \frac{m}{GJ_P} \tag{5-213}$$

式中: $J_P = 2\pi R^3 \delta_{skin}$ 为机身剖面的极惯性矩。

5.4.3　机身开口段及其附近的计算

本节研究对机身结构受力影响很大的大开口段的计算,如货舱大开口、座舱等。如图 5-54 所示,开口处被切断的桁条和蒙皮在长度 l 上被桁梁所补偿,而在开口两端有加强框,桁梁延伸到机身封闭部分长达 A,这样可使其参与受力。

取长度 Δl 等于开口宽度 B。

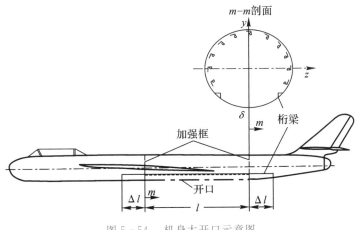

图 5-54　机身大开口示意图

以下分别计算机身开口段的弯曲和扭转。

1. 弯曲计算

可像求剖面应力一样求开口区内的应力。图 5-55(a)所示是 Q_y 和 Q_z（Q_z 通过机身开剖面刚心）使机身弯曲而产生正应力 σ 及剪流 q。

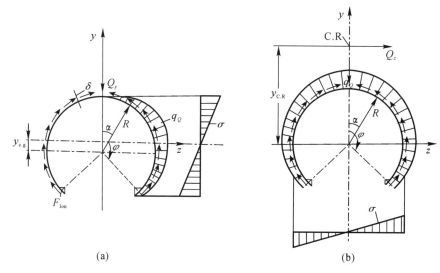

(a)   (b)

图 5-55   大开口机身切面的应力

在近似计算中,将桁条分布到蒙皮上去,得到以下圆形机身剖面几何特性值:

剖面对 z 轴的惯性矩为

$$J_z = R^3 \delta k_z \tag{5-214}$$

剖面对 y 轴的惯性矩为

$$J_y = R^3 \delta k_y \tag{5-215}$$

式中:系数 k_z 和 k_y 为角度 φ 的函数,如图 5-56 所示,且与桁梁面积 F_{lon} 和蒙皮面积 δR 的比有关。

图 5-55(b)所示是 Q_y 和 Q_z（Q_z 通过机身开剖面刚心）使机身弯曲而产生正应力 σ 及剪流 q_Q。

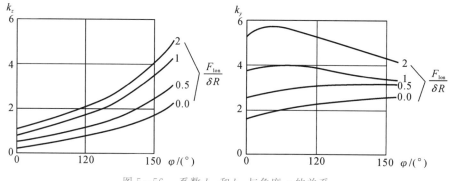

图 5-56   系数 k_z 和 k_y 与角度 φ 的关系

剖面切出部分绕 z 轴的静矩为

$$S_z = R^2 \delta (\sin\alpha - \bar{y}_{c.g} \alpha) \qquad (5-216)$$

绕 y 轴的静矩为

$$S_y = R^2 \delta (\cos\alpha - k_s) \qquad (5-217)$$

式中：系数 k_s 和 $\bar{y}_{c.g} = \dfrac{y_{c.g}}{R}$ 由图（5-57）表示。

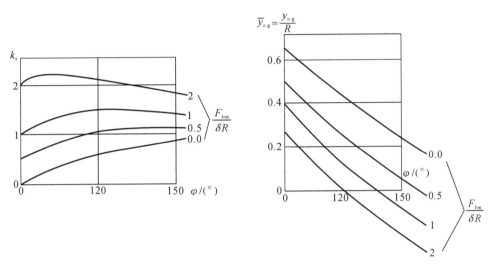

图 5-57　系数 k_s 和 $\bar{y}_{c.g}$ 与 φ 的关系

2. 扭转计算

机身开口段的扭矩 m 若为垂尾上的 $P_{v.t}$ 所引起的［见图 5-58(a)］，则扭矩 m 等于此力乘由压力中心到开口面刚心的力臂，即

$$m = P_{v.t}(y_{C.P} - y_{C.R}) \qquad (5-218)$$

刚心坐标 $y_{C.R}$ 是由 Q_z 引起剪流 q_Q 的合力作用点，刚心坐标和角度 φ 的关系如图 5-57 所示。

在开口区，扭矩由侧壁板负担，侧壁板件是弹性的固支在机身闭口部分。同时，在机身开口段剖面内产生正应力 σ_m 和剪流 q_m，力 q_m 的力矩平衡是扭矩 m，而应力 σ_m 是自身平衡的（见图 5-58），σ_m 沿开口展向按直线规律变化（见图 5-59），在开口边界处达到最大值，沿机身闭口部分逐渐衰减，为此，在开口区附近的机身结构也需要相应的加强。

现在来求开口剖面的正应力。由结构力学知，σ_m 和扇形面积 ω 成正比（见图 5-60）：

$$\sigma_m = \frac{m_x}{J_\omega} \omega \qquad (5-219)$$

式中：$\omega = R^2(\bar{y}_{C.R} \sin\alpha - \alpha)$，为扇形面积，角度 α 的计算点是垂直的直径，极点与刚心重合，$\bar{y}_{C.R} = \dfrac{y_{C.R}}{R}$ 为刚心相对坐标，可由图 5-60 求出；$J_\omega = \sum\limits_F \omega^2 \Delta F$，为扇形的惯性矩，$\Delta F$ 为机身剖面的微面积；x 为从 σ_m 的零值 A 点算起的坐标（见图 5-59）。

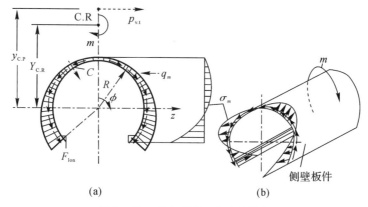

图 5 – 58　机身大开口段力的平衡

(a) 垂直载荷对开口机身扭转；(b) 扭矩由侧壁板件负担

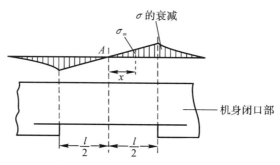

图 5 – 59　大开口纵向正应力分布

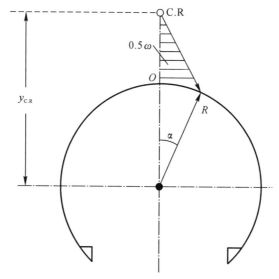

图 5 – 60　大开口周向正应力分布

A 点在开口长度的位置,若其他条件相符,则是和开口两边机身闭口段的刚度比有关的。这两段刚度大约相等,因此可将 A 点取在开口长度的中点。

剪流

$$q_m = \frac{m}{J_\omega} S_\omega \tag{5-220}$$

式中:$S_\omega = \sum_0^a \omega \Delta F$。

将 ω 值代入 J_ω 和 S_ω 的表达式中,得

$$\sigma_m = \frac{m_x}{2R^3 \delta \eta}(y_{C.R} \sin\alpha - \alpha) \tag{5-221}$$

$$q_m = \frac{m_x}{2R^2 \eta}(\mu - 0.5\alpha^2 - \bar{y}_{C.R} \cos\alpha) \tag{5-222}$$

式中:系数 η 和 μ 值由图 5-61 确定;σ_m 的最大值在开口端端部剖面,即 $x = \frac{l}{2}$ 处。

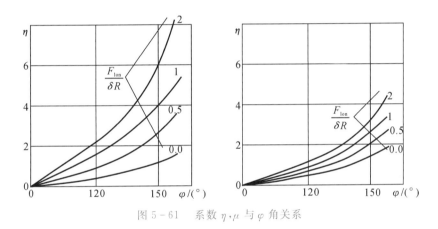

图 5-61 系数 η,μ 与 φ 角关系

3. 机身靠近开口及分离面处的计算

开口段应力计算已如上述,现来研究开口两边 Δl 区域机身剖面的计算。

显然,在机身剖面 m—m(见图 5-62)处,下部分不参加承受正应力。在 Δl 段的长度上机身的这部分逐渐参与受力,只有在剖面 n—n 处机身全部构件参与受力,长度 Δl 可以近似取为开口宽度 B。因此桁梁长度应该大于 $l+2B$。

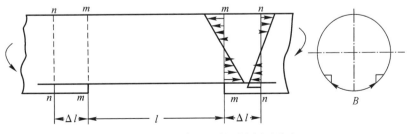

图 5-62 机身开口段两端剖面受力

先按 $\sigma = \dfrac{M}{J} y$ 求出 $m-m$ 剖面的应力 σ_{open}^{0}，再按闭剖面求出应力 $\sigma_{\text{oversew}}^{0}$，找出两个应力差：

$$\Delta \sigma^{0} = \sigma_{\text{open}}^{0} - \sigma_{\text{oversew}}^{0} \tag{5-223}$$

应力 $\Delta \sigma^{0}$ 是自身平衡的，且在机身闭口段长度 l 上逐渐减少，在任一剖面引起正应力：

$$\Delta \sigma = \Delta \sigma^{0} \frac{\text{sh}(kx)}{\text{sh}(kl)} \tag{5-224}$$

$\Delta \sigma^{0}$ 所引起的剪流为

$$\Delta q = R \delta \int_{0}^{a} \frac{\text{d}(\Delta \sigma)}{\text{d}x} \text{d}\alpha = Rk\delta \frac{\text{ch}(kx)}{\text{sh}(kl)} \int_{0}^{a} \Delta \sigma^{0} \text{d}\alpha \tag{5-225}$$

式中：k 为应力 $\Delta \sigma$ 的衰减系数。可近似取此系数值。设 $B = 2R(\pi - \varphi)$，且考虑到下拱剖面面积和桁梁及机身上部剖面面积相比很小，可得

$$Rk = \frac{1}{\pi - \varphi} \sqrt{\frac{\delta_{\text{skin}}}{\delta}} \tag{5-226}$$

式中：φ 为开口角度；δ_{skin} 和 δ 为机身蒙皮厚度和当量有效厚度。

剪流 Δq 的最大值在下拱纵向剖面靠近桁梁 $x = l$ 处，有

$$\Delta q_{\text{max}} = \Delta \sigma_{\text{oversew,max}}^{0} Rk\delta \sin\varphi \tag{5-227}$$

如果作用在机身的力垂直于对称面，下拱所受载荷如图 5-63 所示。

由 $\Delta \sigma$ 和 Δq，可求出机身闭口段任一剖面正应力的总和为

$$\sigma = \Delta \sigma_{\text{oversew}}^{0} + \Delta \sigma_{0} \tag{5-228}$$

剪流总值为

$$q = q_{\text{oversew}}^{0} + \Delta q \tag{5-229}$$

式中：$\sigma_{\text{oversew}}^{0}$ 和 q_{oversew}^{0} 由不考虑开口时剖面计算所得。

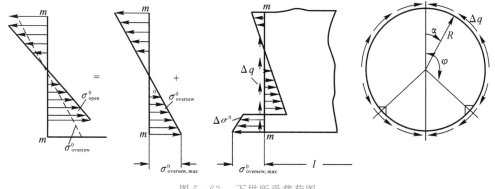

图 5-63　下拱所受载荷图

靠近分离面处机身部分的受力像靠近开口处一样。分离面处机身剖面的弯矩由连接接头负担。此力应按机身受弯求出。这些接头中的集中力渐渐地分散开，在长度 B 上，蒙皮和桁条全部参加受力，长度 B 等于接头间的距离。因此在这段长度上应该在分离面接头处布置加强桁条。

蒙皮由剪力作用而产生的剪流,在分离面处可直接求出。将机身剖面看成由集中构件组成。在这种情况下,可以忽略由桁条逐渐参加受力而引起的剪切。

5.4.4　隔框计算

1. 加强框计算

加强框的外载荷是飞机其他部件、载重、组件和设备所传来的集中力。隔框支持在蒙皮上,外载荷就以分布力的形式传给蒙皮。因此每一个框就是一个自身平衡的平面受力系统 —— 机身外载荷和蒙皮剪流相平衡。隔框一般做成环形,是三度静不定问题。图 5-64 示出了机身与平尾连接的加强框受力,如果利用结构和载荷对称,可以将其简化为一度或二度静不定问题,一般来说隔框各剖面的强度只由弯曲来定。

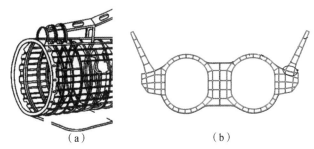

（a）　　　　　　　　　　（b）

图 5-64　机身与平尾连接加强框受力
（a）与平尾连接加强框；（b）与垂尾连接加强框

在飞机设计员手册与参考资料中,有一些计算公式和图表用以计算常剖面隔框由力 P、T 及集中力矩 m 所引起的弯曲力矩(见图 5-65),这些公式和图表可以近似地用在剖面沿周边变化不大的隔框来计算,误差并不大。必须指出与垂直安定面相连的框的受力(见图 5-66),该处垂直安定面的凸缘是一条曲线。此时垂直安定面凸缘轴向力 N 可能在腹板中产生相当大的径向压应力或拉应力。

此力作用的方向和凸缘曲率半径 r 一致。由凸缘微段的平衡条件可知,腹板的径向应力为

$$\sigma_r = \frac{N_{web}}{r \delta_{web}} \qquad (5-230)$$

式中:δ_{web} 为框的腹板过渡到垂直尾翼处的厚度。

为减小此处腹板所承受的径向应力,可用加强板增加腹板厚度或用加强筋增加腹板刚度。

图 5-67 所示是连接机翼的加强框,此框代替了机翼翼梁的作用。在这种情况下,机翼的弯矩的力偶 $N_w H$ 作用在框上,由框自身平衡。如果框的尺寸选择合理,这种结构可以比机身中有梁的构造还轻,刚度还好。这是因为在机身段的这个地方负担机翼弯矩的力偶,其力臂比 H 大得多。在简化的近似计算中,可以认为框是由两部分组成的,这两部分在点 A 和 B 处是由铰链连在一起的,再忽略机身蒙皮剪流作用。这样在框的点 A 和 B 处,作用有水平轴向力

$$N_A = N_B = \frac{N_w H}{2R} \tag{5-231}$$

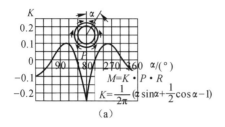

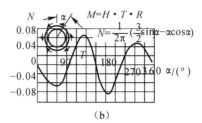

（a）　　　　　　　　　　（b）

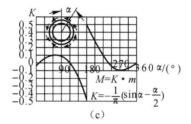

（c）

图 5-65　计算常剖面隔框曲线

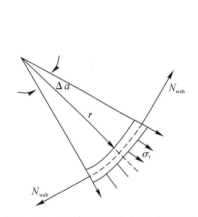

图 5-66　垂直安定面与框接合处受力

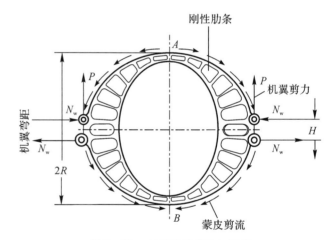

图 5-67　与机翼连接的加强框

由此力可求得框任一剖面的弯矩 M。显然，最大弯矩产生在机翼翼梁连接附近。若机翼接头处于框中间，则有

$$N_{\max} = N_A\left(R - \frac{H}{2}\right) = \frac{N_w H}{2R}\left(R - \frac{H}{2}\right) \approx N_w\frac{H}{2} \tag{5-232}$$

框的最大剪力在机翼接头中间，为

$$Q_{\max} = N_w\left(1 - \frac{H}{2R}\right) \approx N_w \tag{5-233}$$

为了克服径向应力 σ_r，在隔框构造中布置了足够多的刚性加强筋条。

2. 普通框计算

普通框一般做成等剖面环状。在大飞机上,有时需考虑由机身弯曲而产生的载荷。在变形后的机身上,用两个剖面切出长为普通框之间距离 a 的一段(见图 5-68),这段机身受相互平衡的力矩 M。机身蒙皮纵向构件和附加的桁条一起受轴向力 $\sigma\delta$,其中,σ 为所得正应力,δ 为机身蒙皮当量有效厚度。

力 $\sigma\delta$ 产生分布载荷

$$q_{\mathrm{m}} = \sigma\delta \frac{a}{\rho} = \delta a \frac{M^2}{EI^2} y = \delta a \frac{\sigma^2}{Ey} \qquad (5-234)$$

使普通框受压(见图 5-69)。

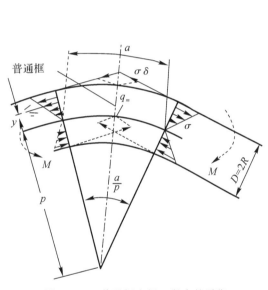

图 5-68　普通框之间一段力的平衡

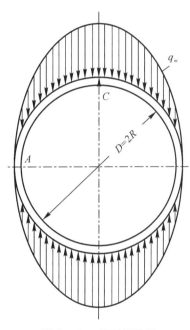

图 5-69　普通框受压

q_m 是自身平衡的,靠普通框的弯曲来负担。环的弯曲计算和普通封闭钢架的计算一样,框的最大弯矩在剖面 C 处,为

$$M_{\max} = 0.23 q_{m\max} R^2 \qquad (5-235)$$

式中:$q_{m\max} = \delta a \dfrac{M^2}{EI^2} R$ 为在 $y=R$ 的 C 点处的最大剪流。

在框剖面 A 处,弯矩符号相反,大小差不多等于 $M_{\max}$。

对大飞机的机身,必须检查普通框的弯曲刚度是否足够。问题在于在机身受弯后,弯曲力矩和与其对应的轴线的曲率之间并不存在线性关系,曲率增长得较快。这是由于横剖面压扁使正应力增加,对于每一结构,有一弯矩极限值,超过此值会使横剖面完全压扁,即造成机身破坏,也就是圆形剖面的机身失去了总体稳定性。弯矩的极限值及其对应的正应力可以称为临界值。其数值必须比桁条破坏应力高。

适用于无限长机身在胡克定律范围内的总体失稳临界应力,可按以下经验公式求得:

$$\sigma_{cr} = 1.2E \sqrt{\frac{J_m}{R^2 a \delta}} \qquad (5-236)$$

式中:J_m 为普通框考虑机身附加蒙皮在内的剖面惯性矩。

对于有限长机身,真实 σ_{cr} 大于求得值。故按式(5-236)计算是偏安全的。

5.5 起落架的计算

5.5.1 起落架受力形式

起落架根据它的减震器受力形式可以分为三种:支柱式、摇臂式和半摇臂式。

1. 支柱式起落架

在起落架的末端装有机轮,它的支柱部分构成了减震器,在它上面作用的外力有轴力、剪力、弯矩和扭矩。由于起落架在飞行时能够收起、放下,支柱可以用一自由度的铰链(见图5-70和图5-71)或用两自由度的绕 y 轴转动的铰链(见图5-72)固定在飞机上。在第一种情况下,支柱用一个斜撑来支持,而第二种情况则用两个斜撑。

支柱式起落架的传力特点是,机轮载荷形成的轴力、剪力、弯矩通过轮轴传到活塞杆和外筒,而扭矩直接由轮轴通过扭力臂传到外筒,外筒载荷通过上接头和撑杆传到机翼或机身。起落架支柱(减震器外筒)受弯扭,活塞杆承弯不传扭。

在所有的起落架形式中,机轮一般是用半轴、半轮叉或轮叉来固定的。但是,大飞机为了减小对跑道压力,需要增加机轮数量;当有4个或更多的机轮时,则做成专门的小车(见图5-73),称为多轮架车支柱式起落架。

图5-70 斜撑杆作动筒在转轴上的支柱式起落架

图5-71 斜撑杆在转轴下的支柱式起落架

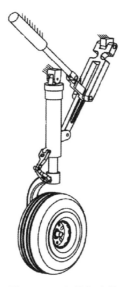

图 5 - 72　起落架支柱

图 5 - 73　多轮架车支柱式起落架

2. 摇臂式起落架

摇臂式起落架的特点是机轮装在可以摆动的摇臂上(见图 5 - 74～图 5 - 76),缓冲器的活塞杆不受弯曲。在起落架工作状态下,由于摇臂的铰接和减震器的缩短,机轮可以相对支柱摆动。如图 5 - 74 所示,减震器与支柱是分离的,减震器铰接在支柱上,因此减震器有比较有利的工作条件,它在起落架的系统中仅承受轴向力,不受弯矩,但支柱外筒却承受弯曲。该形式用于主起落架。

图 5-74 摇臂式起落架(缓冲器在支柱外)

图 5-75 和图 5-76 缓冲器在支柱外筒内,由于摇臂通过连杆铰接在活塞杆上,缓冲器内的活塞杆不受弯矩,但是减震器支柱外筒受弯曲。此种形式用于前起落架。

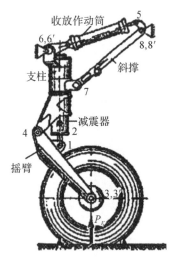

图 5-75 缓冲器在支柱内的摇臂式起落架
(撑杆在对称面)

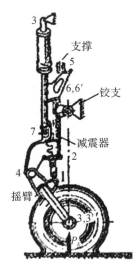

图 5-76 缓冲器在支柱内的摇臂式起落架
(撑杆偏离对称面)

摇臂式起落架也是通过支柱外筒上接头转轴和斜撑杆安装在飞机上。

3. 半摇臂式起落架

半摇臂式起落架如图 5-77 所示,摇臂上端点与防扭臂铰接,下端连接机轮,中间与活塞杆铰接,摇臂可以摆动和平动,一般用于前起落架。其缓冲器在支柱内承受弯曲。

支柱式起落架缓冲器仅吸收沿支柱轴向动能,而垂直支柱向的动能通过支柱的弯曲变形吸收,动力响应较大;摇臂和半摇臂式起落架缓冲器可以吸收机轮平面垂直水平的各向动能,因此动力响应较小。

图 5 - 77　半摇臂式前起落架

5.5.2　作用在起落架上的载荷

当飞机在起飞、着陆、滑跑时,它在机场跑道上运动时所产生的地面反作用力就是起落架载荷。力的大小和作用方向,视着陆的性质、飞机在地面上运动的情况、机场不平度和减震器的功能等等而不同。反力的作用方向与水平面有倾角,即在起落架上作用着垂直和水平的力。在飞机强度规范中规定了起落架的设计情况。

在这些设计情况下,必须保证起落架的强度。

起落架的传力,可以按传力路线由下向上逐个零件分析,载荷由地面轮胎按顺序向上传力,通过轮叉(半轴)、活塞杆(连杆)、防扭臂、外筒、撑杆与机翼(机身)结合部位,也可以直接由地面力对起落架安装旋转轴取矩求撑杆力和接头交点力。两种算法结果应相同,可以用于互检。以下仅就支柱式起落架和摇臂式起落架进行分析,其他类型可以比照进行。

5.5.3　支柱式起落架计算

支柱式起落架元件计算属于结构力学中计算桁架梁柱混合系统的问题。按照强度规范,全部设计情况所研究的起落架的减震器和轮胎都是受到压缩的,压缩量由作用在机轮上的载荷而定。

1. 斜撑杆位置在上面的起落架(见图 5 - 78 和图 5 - 79)受垂直于地面力的作用

把经过机轮轴的作用力 P_k,分解成沿减震器的 P_{aM} 和与减震器垂直的 P_x:

$$P_{aM} = P_k \cos\theta \tag{5 - 237}$$

$$P_x = P_k \sin\theta \tag{5 - 238}$$

式中:θ 是 yOx 平面中支柱轴线与地面反作用力 P_k 的夹角。

对 x - x 轴取矩,可求出收放作动筒的内力 S_n,即

$$P_{aM}a - S_n e = 0 \tag{5-239}$$

$$S_n = P_k \frac{a}{e}\cos\theta \tag{5-240}$$

接下来的计算是画力矩图,先画出 P_{aM} 和 P_x 单独作用的,然后再把图叠加起来。

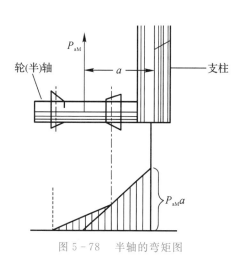

图 5-78　半轴的弯矩图

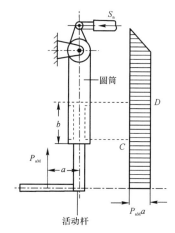

图 5-79　沿活塞杆与支柱的弯矩图

分力 P_{aM} 的作用如下:

这个力弯曲半轴和支柱(见图 5-78),沿半轴弯矩图画成折线状,因为该力通过轴承作用在半轴两点上。沿支柱(见图 5-79),弯矩 $M = P_{aM}a$ 保持为常数,从旋转轴开始减小,到收放作动筒的连接铰接处为零。在长度 b 上,弯矩同时由活塞杆和外筒来承受。如果作一斜线 CD,就把 M 图分成活塞杆和外筒的两部分。这里活塞杆可以看成是一个用轴套支持在外筒上的双支点梁。

力 P_{aM} 压缩活塞杆,这个力从活塞杆传给液体,一部分又由于轴套和活塞杆的摩擦而传给圆筒。液体用阻尼把这个力传给空气和油液。空气把力传给外筒底部,再传给固定接头。轴套和活塞杆的摩擦及空气和液压的压力使外筒受拉。

P_x 分力的作用:在这个力作用下(见图 5-80),半轴受弯,其最大弯矩为

$$M = P_x a \tag{5-241}$$

这个力矩对于支柱则形成扭矩 $m = P_x a$,沿整个支柱长度直到飞机上的接头,保持常值。此外,支柱剖面上还作用按直线规律分布的弯矩。在长度上的线段 CD 把 M 图分成活塞杆和外筒两部分。

由于扭矩的作用,活塞杆和外筒中产生了剪力。扭矩在安装扭力臂的地方使活塞杆和外筒受到了附加弯曲。

在上下扭力臂的铰接点 O 处(见图 5-81),有相互作用的力 T,其大小为

$$T = \frac{m}{d} \tag{5-242}$$

由于力 T 的作用,扭力臂的每个臂像固支在活塞杆(见图 5 - 82)或外筒上的悬臂梁那样承受弯曲,扭力臂最大弯矩 $M = TL$。

剪力由螺栓的剪切传到活塞杆或外筒上,剪力为

$$R = \frac{TL}{h} \qquad\qquad (5-243)$$

假想通过扭力臂铰接点 O,用一个垂直于活塞杆轴线的平面把活塞杆切开,(见图 5 - 83),可求得由于扭矩 m 作用而在活塞杆和外筒上引起的附加弯矩。由平衡条件切开的断面上作用着互相作用的横向力 T。这个力使活塞杆产生按直线变化的 M,力矩在轴套间的长度上逐渐变为零。外筒承受活塞杆和上扭力臂传来的弯矩。

为了检查起落架元件的强度,必须把单独由 P_{aM} 和 P_x 作用所得到的力矩图叠加起来。

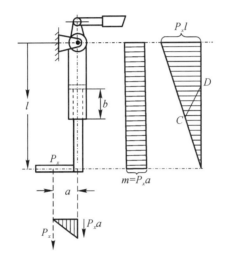

图 5 - 80 P_x 力引起的弯矩扭矩图

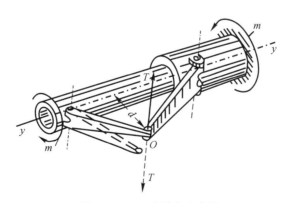

图 5 - 81 扭力臂交点载荷

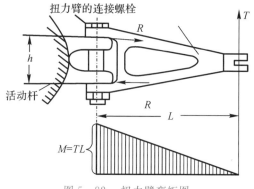

图 5 - 82　扭力臂弯矩图

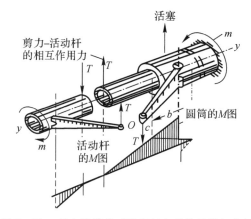

图 5 - 83　扭力臂载荷对活塞杆与外筒的附加弯矩

2. 垂直于机轮平面的力的作用

侧向力 P_F 通过机轮与地面的接触点。它以常力矩 $P_F r$ 来弯曲机轮轮轴,以力矩 $P_F y$ 来弯曲支柱(见图 5 - 84),并引起收放作动筒的内力:

$$S_n = P_F \frac{l}{e} \qquad (5 - 244)$$

在 P_F 的作用下,支柱也承受沿长度不变的扭力矩 $P_F G$。

3. 机轮与地面接触平面中的力矩作用

作用在机轮与地面的接触平面中的力矩 M_k,这个力矩向量在机轮平面中,并通过机轮轮轴。力矩 M_k 引起轮轴的弯曲,并以常力矩来弯曲和扭转支柱。

弯矩的大小为

$$M = M_k \sin\theta \qquad (5 - 245)$$

扭矩为

$$m = M_k \cos\theta \qquad (5 - 246)$$

可以用前面叙述的方法求 M 和 m 所引起的内力和应力。

收放作动筒的内力为

$$S_n = \frac{M_k \sin\theta}{e} \qquad (5-247)$$

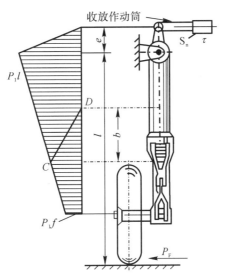

图 5-84　起落架机轮侧向力对支柱的弯曲

5.5.4　摇臂式起落架的计算

1. 垂直于地面的力作用(见图 5-85)

(1) 半轴的受力情况:地面反作用力 P_k,直接作用在机轮上,并通过轴承传到半轴上。这时半轴像悬臂梁一样受弯曲,其弯矩图按直线规律变化。在 3 点的最大力矩值为 $P_k c$[见图 5-85(a)]。

(2) 摇臂的受力情况[见图 5-85(b)]:力矩 $P_k c$ 和力 P_k,同时传到摇臂 3-4 上。为便于计算起见,把 P_k 分解成两个分力:P_1 和 P_2。力 P_2 沿摇臂的轴线作用,而力 P_1 垂直于 P_2,P_2 作用在接头 3 上,它使摇臂在它本身平面内,像有悬臂段的双支点梁那样受弯。在减震器 1-2 中的内力 P_{aM} 为

$$P_{aM} = P_1 \frac{a}{b} \qquad (5-248)$$

摇臂上由于力 P_1 的作用产生的弯矩图,成为两个三角形。最大力矩为 $P_1 a$,位置在减震器的固定接头。

力 P_1 作用在半轴的点 5 上,它以常力矩 $m = P_1 c$ 来扭转摇臂,并通过接头 4 传到支柱上。

力 P_2 引起摇臂的压缩变形,并传到支柱接头 4 上,同时使摇臂以常值 $P_2 c$ 受弯。

(3) 支柱的受力情况[见图 5-85(c)(d)]:支柱 4-7-6 的外载是摇臂作用在接头 4 上的力,减震器在接头 2 上的力和收放作动筒在接头 7 上的力,这些力使支柱受到轴力(拉压)、弯、扭和剪切。

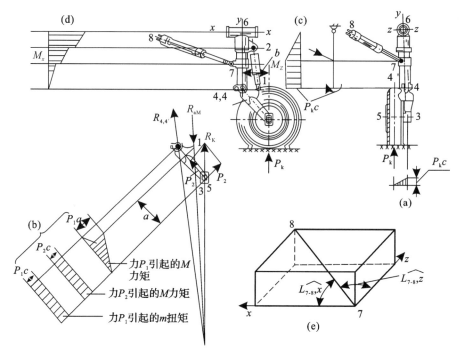

图 5-85　摇臂式起落架地面垂直力的传力

对 $x-x$ 轴取矩,得

$$P_k c - S_n \cos(L_{7\text{-}8}, z)L = 0 \qquad (5-249)$$

其中,L 为收放作动筒的长度。由式(5-249)得到作动筒内力为

$$S_n = \frac{P_k c}{L\cos(L_{7\text{-}8}, z)} \qquad (5-250)$$

式中:$\cos(L_{7\text{-}8}, z)$ 为作动筒与 z 轴夹角的余弦[见图 5-85(e)]。

支柱在 xOy 平面的弯曲,此时支柱上的力为节点 4 处的载荷力 R_4,减震器 1-2 的内力 P_{aM} 和作动筒内力 S_n 的分力。与飞机相连的支柱接头 6 是固定端。弯矩 M_z 的分布如图 5-85(d) 所示,在固定端由于作动筒内力 S_n 的影响,其力矩值比 $P_k b$ 大。

支柱还要承受 yOz 平面的弯曲,这个平面的载荷是作用在接头 4 的集中力矩 $P_k c$,此外还作用有作动筒 S_n 的分力。由于作动筒支点的偏心,力矩平衡[见图 5-85(c)]。

2. 垂直于机轮平面的侧向力的作用

(1)半轴的受力情况:侧向力 P_F 通过压缩的机轮与地面的接触点,并以常弯矩 $M = P_F h$ 使半轴受弯(见图 5-86)。

(2)支柱的受力情况:支柱 4-7-6 的外力是由摇臂通过接头 4 传来的力和在接头 7 处的收放作动筒内力 S_n。由于这些力的作用,支柱在 xOy 和 yOz 平面受弯曲。

作动筒的内力为

$$S_n = \frac{P_F H}{L \cos(L_{7-8,z})} \qquad (5-251)$$

支柱在 yOz 平面受到 M_x 弯矩,在 xOy 平面受 M_z 弯矩,此外支柱还承受接头 4 传来的扭矩:

$$m = P_F b \qquad (5-252)$$

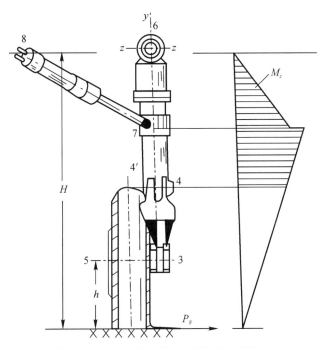

图 5-86　摇臂式起落架地面侧向力的传力

5.6　连 接 计 算

飞机结构由单独的部件和零件组成,它们通过接头而互相联系起来。由于接头的连接,全部系统像一个整体那样来工作。飞机各部件的连接可以是不可拆卸的或可拆卸的。

连接件(接头)的计算有很多困难,因为要经过连接件来传递很大的集中力,这就引起了接头结构中的应力集中。此外,在复杂接头中常遇到多度静不定系统,要精确计算也很困难。还必须指出,内力在接头元件中的分布,在很大程度上取决于生产工艺和使用时间。这是因为制造中不大的偏差(尺寸、配合、焊接和螺接工艺、螺栓的拧紧力矩等)和使用过程中的问题(连接的松动,磨损等)都会改变接头的应力分布。另外,有些接头需要在检查修理时分解,活动接头磨损损伤严重需要扩孔修理。因此强度规范要求在计算重要的接头时,提高计算载荷,计算时要乘以附加安全系数 1.25。即重要接头所采用的载荷,等于设计载荷(或称极限载荷)的 1.25 倍,以保证它们的强度及满足修理容差。此外,强度规范还要求通过飞机静力试验予以接头强度的验证。

5.6.1 连接元件的计算

1. 铆接

在飞机制造中,通常采用冷铆接来连接翼肋和蒙皮、桁条与蒙皮等。在结构传力时,铆钉受到剪力,因此要计算它们的剪切强度和对板的挤压强度。

剪应力:每个铆钉的剪应力为

$$\tau = \frac{P}{\dfrac{\pi d^2}{4}} \leqslant \tau_b \tag{5-253}$$

式中:τ_b 为铆钉的极限剪切强度,它与直径 d 有关,当直径增加时,应力在铆钉剖面里分布的不均匀性也增加了,而 τ_b 下降。标准铆钉的许用剪切强度在有关手册中已给出,可作为设计的依据。

图 5-87 所示为某种硬铝铆钉的剪切许用应力与其直径的关系曲线。

图 5-88 所示为铆钉力的分布图,为了把力比较平均地传给铆钉,最好在一行中的铆钉数不超过 6 个。当接近破坏时,材料的塑性使铆钉力相等。实际发现,这时所有的铆钉都同时破坏。因此,一个铆钉上的破坏力可按下式计算:

$$P_{\text{one}} = \frac{P}{n} \tag{5-254}$$

式中:P 为作用在接头上的破坏力;n 为接头上的铆钉数。

挤压应力:在铆接接头中挤压应力用铆钉直径 d 和结构件板子厚度 δ 来确定,即

$$\sigma_{\text{br}} = \frac{P_{\text{one}}}{d\delta} \leqslant \frac{2}{3}\sigma_b \tag{5-255}$$

在个别情况下,接头中的铆钉要受拉,例如飞机蒙皮和骨架连接的铆钉。

实验证明:铆钉受拉的破坏强度取决于铆钉头的形状(埋头钉的承载能力较差,半圆头的较好),但设计时应尽力避免铆钉承受拉力(如进气道的铆钉受拉,在振动载荷下经常拉脱)。

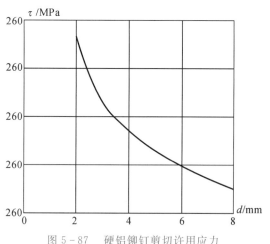

图 5-87　硬铝铆钉剪切许用应力

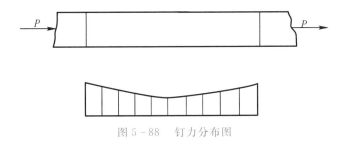

图 5 - 88　钉力分布图

2. 螺接

它用在受力很大的接头中,螺钉在传递拉力上比铆钉好。与铆钉相似,螺栓也要计算剪切和挤压强度。

3. 焊接

飞机常用焊接来连接板和杆。

(1) 板件的焊接(见图 5 - 89)。

平焊用于受拉[见图 5 - 89(a)],侧焊[见图 5 - 89(b)]和顶焊[见图 5 - 89(c)]用于受剪切。受剪的焊缝是传力较可靠的形式,侧焊比顶焊更有效,通常可按基本材料强度削弱20% 计算,此时平接焊缝需要的面积为

$$F = \frac{P}{0.8\sigma_b} \qquad (5-256)$$

侧焊和顶焊的面积为

$$F = \frac{P}{\tau_b} \qquad (5-257)$$

在焊接接头时,当 $\delta_1 < \delta_2$ 时,剪切破坏沿垂直板发生。在计算剪应力时,应考虑材料的削弱,即

$$\tau = \frac{q}{0.8\delta_1} \leqslant \tau_b \qquad (5-258)$$

```
P ← ///////// → P
        (a)

P ← ▭ → P    n▯m
        (b)

P ← m   m → P
    n   n
        (c)
```

图 5 - 89　板件焊接

(2) 管件的焊接(见图 5 - 90)。

其焊接形式有对接、套接和平接。在所有情况中,焊缝强度都可以下面的经验公式按抗

拉应力去校核。管子的破坏应力与焊缝的斜度无关。对于铬锰硅钢管,单位长度上的破坏力 $q(\text{N/mm})$ 计算如下:

对于对接焊缝[见图 5-89(a)]:

$$q = \delta(\sigma_b - 196) + 49 \tag{5-259}$$

对于套接式接头[见图 5-89(b)]:

$$q = \delta(\sigma_b - 58.9) - 39.2 \tag{5-260}$$

对于平接接头[见图 5-89(c)]:

$$q = 17.7\delta + 1.1\sigma_b\delta - 0.25\sigma_b - 39.2 \tag{5-261}$$

式中:δ 为管壁厚度(mm);σ_b 为管子材料的抗拉强度(N/mm^2)。

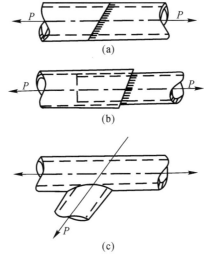

图 5-90　管件焊接

5.6.2　耳片与连接接头

1. 耳片连接

(1)螺栓计算。在可拆卸的接头中,广泛地采用耳片连接(见图5-91),此时螺栓有两个剪切面,有

$$\tau = \frac{P}{2\dfrac{\pi d^2}{4}} \leqslant \tau_b \tag{5-262}$$

挤压应力为

$$\sigma_{cm} = \frac{P}{d\delta} \leqslant \mu\sigma_b \tag{5-263}$$

式中:δ 为单耳片厚度和双耳片总厚度中的较小者。σ_b 为耳片或螺栓的抗拉强度(取小者)。μ 为与接头形式有关的系数:对于不动并不可拆卸接头,$\mu = 1.3$;对于不动但可拆卸接头,$\mu = 1$;对于稍能活动的接头(起落架的悬挂接头),$\mu = 0.65$;对于活动的接头(操纵系统

的铰链），$\mu = 0.2$。

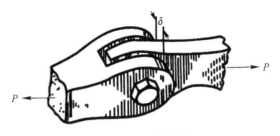

图 5 - 91　耳片接头

由于接头的活动性，挤压应力下降较多，为了增大耳片的抗挤压面积，常采用凸台方式作为附加垫圈形式。

（2）耳片的计算。在力 P 作用下的耳片计算是一个很复杂问题。耳片可能在以下三种情况下发生破坏：①沿剖面 $m-n$ 拉裂；②$l-e$ 切面的挤压破坏；③2倍 $f-l$ 切面的剪切破坏。由于材料通常 $\tau = 0.6\sigma$，故情况 ③ 往往最严重。为此通常使接头的外缘半径的圆心与空圆心不重合，较空心向外移 Δ。如果 3 种情况承载能力相等，设计重量将最轻。

满足条件 ① 和 ③ 相等时，有

$$(\Delta + \sqrt{R^2 - r^2})\tau_b = (R - r)\sigma_b \tag{5-264}$$

满足条件 ① 和 ② 相等时，通常选挤压系数为 1 时挤压破坏应力等于材料 σ_b，即

$$r\sigma_b = (R - r)\sigma_b \tag{5-265}$$

在经过钉孔圆心的剖面里作用着与 P 力平衡的轴向力 N、剪力 Q 和弯矩 M。

圆耳片接头的正视图与俯视图如图 5 - 92 所示。

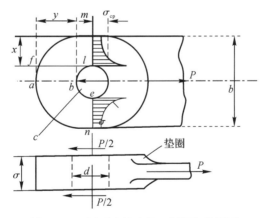

图 5 - 92　圆耳片接头的正视图与俯视图

通过静不定问题求解，可得到一条曲梁弯曲正应力沿半径的变化曲线，这在线弹性范围内是正确的。当破坏时，应当考虑材料的塑性，试验证明，不管耳片如何沿剖面发生（$m-n$，$a-b$，$c-e$ 拉断，或沿剖面 $f-l$ 剪断），都可以只用平均应力计算切面 $m-n$ 的抗拉强度：

$$\sigma_{cp} = \frac{P}{2x\delta k} \leqslant \sigma_b \tag{5-266}$$

式中：k 为考虑剖面中个别总应力过高的系数，有试验结果，系数 $k \approx 0.8$。

2. 接头计算

中翼和外翼的连接接头是飞机上最典型的接头。通过这些接头的例子，可以了解并正确地计算任何其他的飞机接头。

（1）缘条为 T 型材的翼梁的接头计算。

如图 5-93 所示，这种接头是由合金钢铣成耳片和叉子，再通过螺栓与翼梁的缘条和腹板连接。在某些结构中，接头和翼梁是作为一个整体的。

图 5-94 和图 5-95 所示为作用在双梁机翼的前梁接头的载荷，有

$$\left. \begin{aligned} P &= 0.5R_1 \\ N_B &= \frac{M_1}{H_1} + \frac{M_y}{2B} \\ T &= 0.25Q_x \end{aligned} \right\} \tag{5-267}$$

式中：M_1 和 R_1 分别为前梁的弯矩和反力；M_y 和 Q_x 分别为机翼平面中的弯矩和剪力。

根据外翼和中翼连接螺栓的位置，由翼梁支柱承受的力可由下式计算：

$$P = \frac{R_1}{2} \tag{5-268}$$

产生的弯矩为

$$m_1 = \frac{R_1}{2}e \tag{5-269}$$

式中：e 为 $P = \dfrac{R_1}{2}$ 的力臂。

为了消除这个力矩，要很合理地安排连接螺栓在翼梁高度上的位置，应当使力 N_B 对翼梁缘条中心产生一个力矩 m_2，其大小等于 m_1 而方向相反，即

$$m_2 = -m_1 \tag{5-270}$$

图 5-93　接头

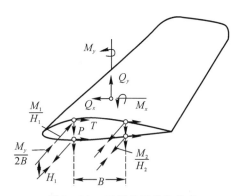

图 5-94　双梁机翼接头载荷

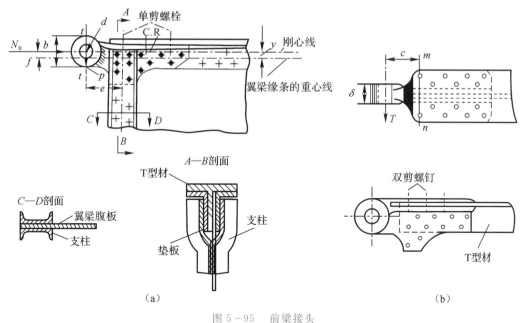

图 5-95　前梁接头

(a) 接头的受力与计算剖面;(b) 接头与 T 型材的连接

由此可以找到力 N_B 对 T 型材中心的偏心矩[见图 5-95(a)]

$$f = e \frac{R_1}{2N_B} \tag{5-271}$$

因为力 $\dfrac{R_1}{2}$ 通常比 N_B 小得多,所以偏心矩 f 很小。

连接接头和翼梁缘条的螺栓应当布置得使它们的刚心就在翼梁缘条——T 型材的重心线上。这样就能使螺栓所受的载荷比较小。

对于连接螺栓,应当由外力计算剪应力 τ:

$$R = \sqrt{N_B^2 + \left(\frac{R_1}{2}\right)^2} \approx N_B \tag{5-272}$$

$$\tau = \frac{R}{2 \times \frac{\pi d^2}{4}} \leqslant \tau_b (\text{螺栓受双剪}) \tag{5-273}$$

耳片挤压应力为

$$\sigma_{br} = \frac{R}{d\delta} \leqslant \sigma_b \tag{5-274}$$

耳片拉断应力为

$$\sigma = \frac{N_B}{\delta(b-d)k} \leqslant \sigma_b \tag{5-275}$$

式中:k 近似地取 0.8。

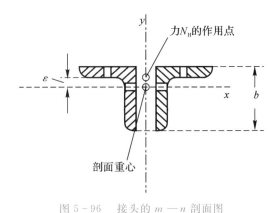

图 5-96　接头的 m — n 剖面图

对于接头的叉(见图 5-95 和图 5-96),校核 m — n 剖面,具体如下:

剖面受到由力 N_H 所引起的拉应力和由力 $\dfrac{R_1}{2}$ 与力臂 C,以及力 T 和力臂 $\dfrac{C}{2}$ 所引起的弯曲应力:

$$\sigma = \frac{N_H}{F} + \frac{N_H\varepsilon + \dfrac{R_1}{2}C}{W_x} + \frac{T}{2}\frac{C}{W_y} \qquad (5-276)$$

式中:F 为考虑到螺栓孔削弱后的耳片剖面积;ε 为力 N_H 相对于剖面重心的偏心矩;W_x 和 W_y 为耳片 m — n 剖面绕 x 和 y 轴的抗弯截面系数。

(2)接头和翼梁的连接螺栓计算。

如图 5-97 所示,力 N_B 和 $\dfrac{R_1}{2}$ 对于翼梁支柱和凸缘重心线的交点 O 有力矩 m。这个力矩在凸缘和翼梁支柱之间是这样分配的:与它们的弯曲刚度 EI 成正比,而与它们的长度成反比。这样的分配是由支柱和缘条转角相等的条件获得的。对于支柱,其长度为 $\dfrac{H_1}{2}$,因为它在中点的弯矩为零。对于缘条,其长度 L 则取翼梁支柱间的距离。如果缘条和支柱材料相同,那么,支柱的弯矩为

$$m_{str} = \frac{m}{1 + k_r} \qquad (5-277)$$

而缘条的弯矩为

$$m_{fl} = m - m_{str} \qquad (5-278)$$

式中:$k_r = \dfrac{I_{fl}}{I_{str}}\dfrac{H_1}{2L}$,$I_{fl}$ 和 I_{str} 为缘条和支柱的剖面惯性矩。为了多减去一些缘条的弯矩,就希望增大支柱的剖面惯性矩。

根据 m_{str} 和 m_{fl} 画出翼梁支柱和缘条的弯矩图,这些图是计算连接支柱与接头的螺栓,以及连接缘条与接头的螺栓的原始数据。

支柱的接头连接螺栓计算过程如下:

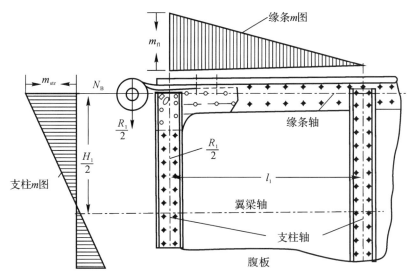

图 5 - 97 接头和翼梁连接的传力

由 $\dfrac{R_1}{2}$ 的作用在每个螺栓上引起的力为

$$P_1 = \frac{R_1}{2} \frac{d^2}{\sum d^2} \tag{5-279}$$

而由力矩 m_{str} 的作用,每个螺栓的力为

$$P_2 = m_{str} \frac{rd^2}{\sum r^2 d^2} \tag{5-280}$$

式中:d 为螺栓直径;r 为接头刚心到螺栓的距离。

每个螺栓的合力为

$$R = \sqrt{P_1^2 + P_2^2} \tag{5-281}$$

翼梁缘条的接头的连接螺栓计算过程如下:

力 N_B 和力矩 m_{fl} 对每个螺栓的作用力也要相对于刚心来计算,同样有

$$P_1 = N_B \frac{d^2}{\sum d^2} \tag{5-282}$$

$$P_2 = m_{fl} \frac{r^2 d^2}{\sum r^2 d^2} \tag{5-283}$$

$$R = \sqrt{P_1^2 + P_2^2} \tag{5-284}$$

(3) 单块式机翼的连接计算。

在单块式机翼中[见图 5 - 98(a)],外翼和中翼通常使用接头配件[见图 5 - 98(b)]或用角材来[见图 5 - 98(c)]连接。接头配件用作蒙皮的波纹板加强件,如图 5 - 99 所示。外翼的载荷通过接头配件或角材相互连接的螺栓传到中翼上。此外翼梁接头的螺栓也起作用。

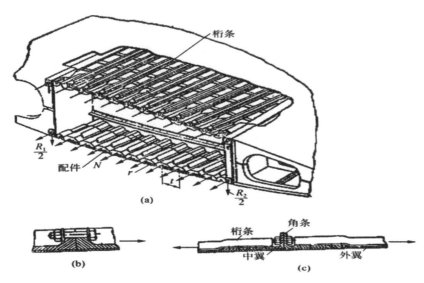

图 5-98　单块式外翼与中翼的连接

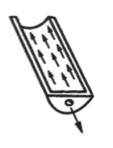 

图 5-99　接头配件与波形板加强件

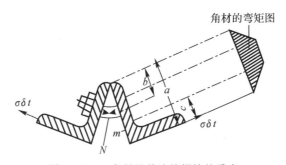

图 5-100　角材及其连接螺栓的受力

现在来计算分别由弯矩、剪力和扭矩在连接螺栓上所引起的力:弯矩是由机翼受拉压的接头配件和翼梁接头上螺栓的受拉,以及在受压区通过角材或接头配件的支撑来传递的。

这些可以由已经计算出来的蒙皮、桁条、翼梁缘条的正应力 σ 求得,如图 5-100 所示。

螺栓的拉力为

$$N = \sigma \delta t \frac{a}{b} \tag{5-285}$$

螺栓的剪力为

$$T = qt \tag{5-286}$$

式中：σ 为由机翼弯曲计算求得的正应力；q 和 δ 为单位长度上的剪力和当量蒙皮厚度；t 为连接螺栓的螺距。

对于沿机身侧边分离的后掠机翼，扭矩和剪力的作用已包含在 q 值计算中。知道力以后，按第三强度理论来校核螺栓：

$$\sigma = \frac{1}{F} \sqrt{N^2 + 4T^2} \leqslant \sigma_b \tag{5-287}$$

式中：F 为螺栓的剖面面积。

螺栓在螺纹段剖面的压力为

$$\sigma_P = \frac{N}{F'} \tag{5-288}$$

式中：F' 为螺栓以螺纹内径计算的剖面面积。

最后，计算角材在剖面 $m-n$ 上的弯曲应力：

$$\sigma_{bend} = \frac{M}{W} = b \frac{\sigma \delta c}{\delta_{bend}^2} \tag{5-289}$$

这个应力应该小于材料的破坏应力。

第6章 无人直升机结构疲劳强度计算

6.1 概　　述

飞机结构在实际使用中是不断承受交变载荷的,如气动载荷、发动机振动、突风载荷以及着陆滑跑载荷等。早期的飞机设计只考虑静态强度,前提是通过计算和测试证明飞机的设计可以承受运行过程中可能出现的最大载荷,并乘以一定的安全系数(即设计载荷或极限载荷)使飞机有足够的强度[51]。事实上,飞机在服役早期受损的地方往往是一些振动强烈和重复载荷的区域,特别是一些区域结构细节设计不良的部位,如截面突变、过渡区过渡半径过小、开槽开口等应力集中处容易出现疲劳裂纹。近年来随着飞机性能的不断提高,新结构新材料的不断出现,飞机成本增加,要求飞机寿命越来越长,飞机结构在使用中疲劳破坏和安全可靠要求的矛盾日益显著。特别是第二次世界大战以后,屡次发生重大疲劳破坏事故,如:1952 年美国 F-89 蝎式歼击机因机翼接头疲劳破坏而连续发生事故;1954 年英国民用客机彗星-1 号连续两次在航线上坠毁失事;1979 年,美国 DC-10 飞机因发动机短舱在飞行中突然被甩掉而造成机毁人亡。直到 20 世纪初仍然有因对飞机结构疲劳考虑不周而发生严重事故,如:2005 年中国台湾民航一架波音 747 客机因结构疲劳破坏而失事;2002 年美国 F-15 飞机前机身因疲劳破坏而失事;等等。据初步统计,飞机在外场使用中发生强度问题,有 80% 以上均是疲劳破坏引起的[52]。

6.2 材料的疲劳强度

6.2.1 持久极限

具有一定的循环特性,材料可以承受无限次电压循环而不会失效的最大应力称为该循环特征的长极限或疲劳极限。用 σ_{-1} 表示。材料应力的变化过程称为应力循环,一般可用循环中的最大应力 σ_{max}、最小应力 σ_{min} 和周期来描述。应力循环的特性是由循环应力的平均应力 σ_m 和交变的应力幅 σ_a 所决定的。

在图 6-1 中,σ_m 是应力循环中不变的静态分量,即

$$\sigma_m = \frac{\sigma_{max} + \sigma_{min}}{2} \tag{6-1}$$

σ_a 是应力循环中的变化分量,有

$$\sigma_a = \frac{\sigma_{max} - \sigma_{min}}{2} \qquad (6-2)$$

应力循环的特征以应力比 R 表示:

$$R = \frac{\sigma_{min}}{\sigma_{max}} \qquad (6-3)$$

通常 $R = -1$ 时,持久极限数值最小,所以材料的持久极限(疲劳极限)都是指 $R = -1$ 时的最大应力。

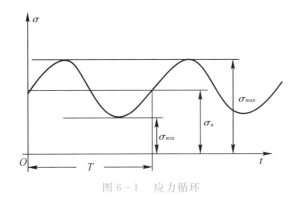

图 6-1　应力循环

在工程应用中,传统的方法是规定一个足够大的有限循环次数 N_L,来代替无限次循环,材料疲劳试验常根据这一规定的有限循环次数来进行,通常 $N_L = 10^7$。

材料的疲劳极限与强度极限有一定的关系,根据大量试验数据,归纳的经验公式为

$$\left.\begin{array}{ll} \sigma_{-1} = 0.35\sigma_b + 119.7\ \text{MPa} & \text{对于钢} \\ \sigma_{-1} = 0.25 \times (1 + 1.35\varphi)\sigma_b (\text{MPa}) & \text{对于高强度钢} \\ \sigma_{-1} = 0.19\sigma_f + 19.62\ \text{MPa} & \text{对于有色金属} \end{array}\right\} \qquad (6-4)$$

式中: φ 为断面收缩率, $\varphi = \dfrac{F_0 - F_f}{F_0} \times 100\%$; F_0 为试件初始横截面积(mm^2); F_f 为试件断裂时颈缩处的横截面积(mm^2); σ_f 为断裂强度,表示拉断试样的真实应力(MPa); P_f 为拉断时的载荷。有

$$\sigma_f = \frac{P_f}{F_f} \qquad (6-5)$$

6.2.2　材料 S-N 曲线

为了评价和估算疲劳寿命,需要利用反映材料基本疲劳强度特征的 $S-N$ 曲线[53]。图 6-2 是 $S-N$ 曲线的典型例子。 这是一种疲劳试验,使用几个标准样品,在特定的平均电压(或一定的电压系数 R)、不同的电压幅度(或不同的最大电压)下测量样品断裂时的循环次数,再以 S_a(或 S_{max})为纵坐标、以 N 为横坐标,连接各点试验数据得到的曲线,称为 $S-N$ 曲线。

$S-N$ 曲线可分为低周疲劳 LCF 区、高周疲劳 HCF 区以及具有子疲劳的 SF 区 3 段。在

低应力和高循环疲劳区,材料的应力-应变比是线性的,在低周高应力疲劳区,材料将具有宏观输出,应力-应变比不再是线性的,并且会出现循环应变硬化或循环应变软化等现象。

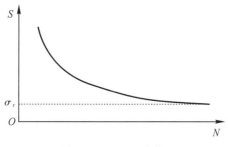

图 6-2 $S-N$ 曲线

$S-N$ 曲线常可以用幂函数方式表示,即

$$\sigma^m N = A \tag{6-6}$$

式中:m 和 A 是取决于材料的待定常数。

将式(6-6)两边取对数,得

$$m\lg\sigma + \lg N = \lg A \tag{6-7}$$

在双对数坐标中,$\lg\sigma$ 和 $\lg N$ 呈线性关系。

$S-N$ 曲线也可用指数函数公式表示为

$$Ne^{a\sigma} = c \tag{6-8}$$

改写后为 $a\sigma + \lg N = b$,在半对数坐标上,σ 与 $\lg N$ 呈线性关系。

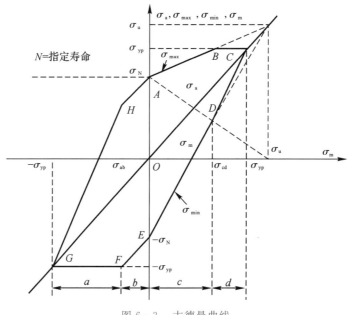

图 6-3 古德曼曲线

在工程应用中,常常需要作出材料在不同应力状况下的等寿命曲线,通常将 S_a、S_{-1} 简化为线性关系,称为古德曼曲线,公式如下:

$$S_a = S_{-1}\left(1 - \frac{S_m}{\sigma_b}\right) \tag{6-9}$$

图 6-3 表明在曲线 ADB 下面的任一点"C"在规定寿命($N = 10^7$)内不发生疲劳破坏,在规定寿命下,应力幅 S_a 随平均应力 S_m 的变化而变化,S_m 增大,S_a 减小。

6.2.3　疲劳裂纹的形成机理

材料疲劳破坏是一个损伤累积过程,要经历一定时间历程,一般历经三个阶段,即裂纹(成核)形成、裂纹扩展、快速断裂[54]。疲劳裂纹的形成机理要从微观组织的分析入手,研究发现,在低于屈服应力下,在承受交变应力的疲劳试样晶格之间有滑移带出现,试件表面可以观察到"挤出"现象。"挤出"通常产生在滑移最严重地区。

在疲劳载荷的作用下,塑性拉伸的积累与疲劳裂纹的形成密切相关,错位引起的滑移区是疲劳裂纹的最基本原因。材料表面损坏或材料内部缺陷,如孔隙、夹杂物、第二相质点等在尖锐的缺口中起催化作用,并促进疲劳裂纹的形成。裂纹从疲劳芯通过滑带的主滑移向内扩散,滑移面的方向大致对应于主应力轴,主应力轴仅缓慢地分阶段裂纹膨胀,每一个应力循环速率为埃($1\text{Å} = 10^{-8}$ cm)数量级,裂纹通过晶界逐渐转向。

因此,疲劳断裂的机理研究重点在裂纹萌生阶段,应寻找有否促进裂纹形成的缺陷和损伤,判明其对裂纹成核所起的作用,提出设法消除的途径。通过对裂纹缓慢扩展阶段研究以构建裂纹扩展数学模型,判断到达临界裂纹所需的周期,防止疲劳断裂。

图 6-4 所示为疲劳裂纹生成与扩展示意图,图 6-5 所示为裂纹或损伤尺寸与循环数的关系图。

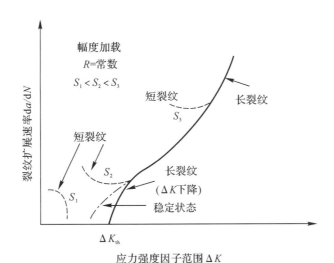

图 6-4　疲劳裂纹生成与扩展示意图

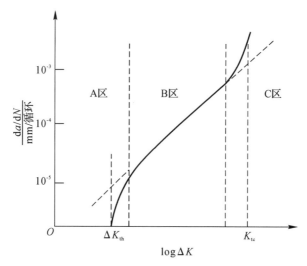

图 6-5　裂纹或损伤尺寸与循环数

6.3　疲劳载荷谱

飞机在使用中会承受多种载荷。在每次飞行中大致需经过起飞滑行→爬升巡航(作各种机动飞行)→下降→着陆撞击→滑行。在每个过程中飞机都会遭受疲劳载荷,包括地面滑行载荷、突风载荷、机动载荷和着陆撞击载荷,等等。飞机由地面到空中,再由空中到地面,常称为地-空-地循环载荷。对于民航机和运输机疲劳损伤影响较大的是突风载荷,对于战斗机类型的飞机最主要的疲劳损伤载荷是机动载荷。

6.3.1　重心过载谱

确定某架飞机在使用中的重心过载谱可分以下几步:

第一步:选择能正确代表该架飞机使用的"飞行剖面图"。这种图定出起飞、巡航及着陆各阶段的飞机重量、速度和高度的变化[55]。图 6-6 和图 6-7 所示分别为一种典型战斗机及一种典型远程客机的飞行剖面图。

第二步:将这种飞行剖面图划分成若干段落并进行计算。例如可将远程客机飞行任务分为 6 段。

(1)起飞滑行至离地(滑行载荷为主);

(2)每爬升 3 000 m 为一段(不同高度);

(3)将巡航分成 4 段,并选每段中点为飞机各参数的代表点(不同速度、重量);

(4)每下滑 3 000 m 高度为一段(不同突风频率);

(5)着陆(着陆撞击载荷为主);

(6)滑行至停机(滑行载荷为主)。

第三步:分段后,便可具体计算飞机在执行这一飞行任务时重心过载的频率谱了。如突风引起的重心过载为

$$\Delta n = \frac{\rho_0 v_e S m}{2W} K_g U_e \tag{6-10}$$

式中：ρ 为空气密度（kg/m^3）；v_e 为飞行当量空速，$v_e = v\sqrt{\rho/\rho_0}$（$m/s$）；$S$ 为机翼面积（m^2）；m 为机翼升力线斜率（rad^{-1}）；亚声速 $m = \dfrac{1}{\sqrt{1-Ma^2}} m_0$，超声速 $m = \dfrac{1}{\sqrt{Ma^2-1}} m_0$，其中 Ma 为马赫数，m_0 为 $Ma=0$ 时机翼升力线斜率；U_e 为垂直突风折算速度，$U_e = U\sqrt{\rho/\rho_0}$，其中 U 为垂直突风；W 为飞机重力（N）；K_g 为突风缓和因子，表征飞机对突风引起的响应的减弱。

图 6-6 典型战斗机飞行剖面图

图 6-7 典型远程客机飞行剖面图

在亚声速范围，有

$$K_g = 0.88 \frac{\mu_g}{5.3 + \mu_g}$$

在超声速范围，有

$$K_g = \frac{\mu_g^{1.03}}{6.95 + \mu_g^{1.03}}$$

式中：$\mu_g = \dfrac{2W}{mcS\rho g}$ 称为飞机质量参数（其中：g 为重力加速度；c 为机翼平均几何弦长）。

通过安装在飞机重心处的过载记录仪（加速度计）可以得到遇到突风时的过载，用它反推突风的大小,并通过大量统计得到突风速度的频率分布图。

第四步:通过计算各个飞行任务中的载荷谱,再以飞机实际执行各种飞行任务的百分比(统计而得)乘以各个飞行任务的过载频率,然后累加起来,得到代表实际使用的载荷谱。表 6-1 给出了某客机突风过载(加速度)的频率分布。

表 6-1　某客机突风过载的频率分布

加速度增量 Δn(以 g 为单位)	爬　升	巡　航	下　滑	总发生频率
$0.2 \sim 0.3$	2 724	4 897	4 332	11 953
$0.3 \sim 0.4$	568	1 119	964	2 651
$0.4 \sim 0.5$	120	251	195	566
$0.5 \sim 0.6$	35	73	53	161
$0.6 \sim 0.7$	8	32	15	55
$0.7 \sim 0.8$	3	9	5	17
$0.8 \sim 0.9$	0	2	0	2
$0.9 \sim 1.0$	1	1	1	3
$1.0 \sim 1.1$	1	0	0	1
$1.1 \sim 1.2$	0	1	0	1
总　计	3 640	6 385	5 565	15 410
飞行小时 /h	319.7	1 044.6	452.7	1 817
平均空速 /(km·h^{-1})	747.4	904.5	628.0	808.4
飞行里程 /km	2.39×10^2	9.45×10^5	2.83×10^5	14.7×10^5

对于战斗机在非战斗时期,飞机的疲劳损伤主要是由训练飞行引起的,而训练内容由军队制定的"飞行训练大纲"规定。大纲中规定了各种飞行科目的起落次数及每个飞行科目的飞行时间和实施条件(如飞行动作要求、高度、速度、外挂、气象条件等)。通过实测各飞行科目中的重心过载值及其出现次数,并按照飞行训练大纲或飞机实际使用来统计各种飞行科目的使用次数,相乘后累加,就可得到飞机的机动载荷谱。研究表明,载荷次序对结构疲劳寿命是有影响的,因此机动载荷谱的编制要尽可能地接近飞机实际使用情况。所谓的飞一续一飞谱就是按一次飞行接着一次飞行来编制载荷谱。

在实际工作中,为了简化实测工作,常常把为数众多的飞行科目归并为若干组(如十几个组),每一组中选择一个有代表性的飞行科目。实测中就只统计测量这些代表性飞行科目的载荷,其他飞行科目载荷由各组的代表性飞行科目的载荷来代替,这称为代表科目法。在选择代表科目时要注意以下条件。

（1）机动飞行的动作类似，为了保证安全，代表性科目一般应选用组飞行科目中过载情况较严重的。

（2）飞行速度、高度等实施条件相类似。

（3）一次飞行起落时间相一致。

（4）飞机质量通常可以采用强度计算，也可保守地取飞机的起飞质量。美国军用规范（MIL‑A‑008866B）中给出攻击机和歼击教练机类飞机机动载荷谱，它是以任务段每1 000 个飞行小时出现的累积次数给出的（见表6‑2）。

表 6‑2　美国军用规范（MIL‑A‑008866B）中攻击机和歼击教练机类飞机机动载荷谱

过载系数 n/g	上升	巡航	下降	待机	空‑地科目	特殊军械	空‑空科目
2.0	5 000	10 000	20 000	15 000	175 000	70 000	300 000
3.0	90	2 500	5 500	2 200	100 000	25 000	150 000
4.0	1	400	500	250	40 000	7 500	50 000
5.0		1	1	25	10 000	2 000	13 000
6.0				1	1 500	250	3 300
7.0					200	15	900
8.0					15	1	220
9.0					1		60
10.0							15
0.5						10 000	44 000
0						350	4 000
−0.5						30	1 200
−1.0						7	350
−1.5						3	60
−2.0						1	8
−2.5							1

西欧一些国家如德国、瑞士、荷兰等国联合编制的战斗机疲劳载荷谱是用执行每种任务的一次飞行为基础编制的飞—续—飞谱，我国战斗机的编谱也常采用飞—续—飞的方式。

表 6‑3 给出了某战斗机持续飞行 30 次，以均值和幅值形式给出的重心过载谱（每次飞行 1 h40 min）。

表 6 - 3　某战斗机重心过载谱(每次飞行 1 h 40 min)

幅值/g	均值/g							
	0.28	0.84	1.40	1.96	2.52	3.08	3.64	4.76
1.40	1	51	6				1	
1.96	106	340	67	7				
2.52	26	73	78	39	16			
3.08	23	8	5	10	10	3		1
3.64	27	6	4	3		2	1	
4.20	11	7						
4.76	11	3						
5.32	9	1						

6.3.2　应力谱

在疲劳分析中,更关心的不是重心过载谱,而是危险部位的应力谱(即应力大小及出现次数)。由重心过载谱换算成某一部位的应力谱,原则上只要求出重心过载大小及频率与该部位的应力大小和频率的关系。

通常可以通过工程梁理论方法或有限元计算方法,求出水平飞行重心过载 1g 下的疲劳危险部位的应力,可以简单地将重心过载谱中过载大小乘以 1g 时该处的应力大小,出现次数仍为重心过载谱的对应次数,即可得到该部位的应力谱。

对于柔度较大的飞机(如大型运输机,中远程客机),由于飞机的弹性效应,在动载荷作用下重心获得 ng 的过载时,某部位的应力大小与水平飞行 1g 时静载作用下的同一部位的应力大小不再保持 n 倍的简单比例关系,而且应力发生的次数也并不正好等于重心过载为 ng 时出现的次数。这时往往要引入一个反映弹性结构性质的动力响应因子 K。例如对于机翼某切面的弯矩,有

$$K_i = \frac{\Delta M_{if}}{\Delta M_{ir}} \tag{6-11}$$

式中:ΔM_{if} 为柔性机翼某切面发生频率为 i 的弯矩增量(与 1g 相比);ΔM_{ir} 为刚性机翼同一切面发生频率也为 i 的弯矩增量。

图 6-8 表示通过动力响应计算得到发生频率为 i 时,机翼各切面弯矩的动力响应因子 K_i。当这种动力响应因子计算困难时,常通过直接测量飞机重心加速度及该部位的应力的方法,这种测量应在各种载荷、各种飞行重量及各飞行阶段中进行。这样可得到飞机重心谱与当地应力谱的关系,组成一个在多种情况下的动力响应因子集合,从而完成重心谱向应力谱的转换。

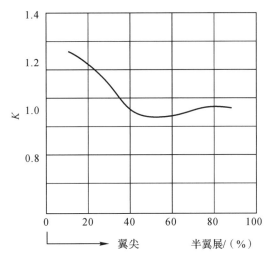

图 6 - 8　弯矩动力响应因子与半翼展关系

6.4　疲劳累积损伤理论

在等幅交变作用下,可应用材料 $S-N$ 曲线预计材料或构件的疲劳寿命。但在实际工程中,结构往往受到随机的变幅交变载荷的作用。在这种情况下,为了估算结构的疲劳寿命,必须研究在不同交变载荷作用下,结构疲劳损伤累积的规律。

6.4.1　线性累积损伤理论及应用

到目前为止,疲劳累积损伤理论仍然广泛用于机械工程,其最早由德国人 Palmgram 于 1924 年提出,美国矿工于 1945 年提出[56]。它的基本假设是:各级交变应力引起的疲劳损伤可以分别计算,然后再线性叠加起来。第 i 级应力水平 σ_i、造成的疲劳损伤与该应力水平所施加的循环数 n_i,与在同一应力水平下直至发生破坏时所需的循环次数 N_i 的正值成比例。即 σ_i 的损伤与 n_i/N_i 成正比。比值 n_i/N_i 称为损伤比或循环比。

很显然,如果是单级加载,循环比等于 1 时,构件出现破坏。如果是在多级应力水平的交变载荷作用下,则认为总损伤等于单个损伤比(或循环比)的总和,且当损伤比总和等于 1 时,构件发生破坏,即

$$\sum_{i=1}^{n} \frac{n_i}{N_i} = \frac{n_1}{N_1} + \frac{n_2}{N_2} + \cdots + \frac{n_n}{N_n} = 1 \qquad (6-12)$$

这就是著名的线性累积损伤理论计算公式,它给出了在多级交变载荷作用下,构建发生破坏条件的方法。

6.4.2　利用线性累积损伤理论进行载荷谱的等损伤折算

线性累积损伤理论的另一个重要应用是折算简化载荷谱。在实际工程中,结构所作用的载荷谱是随机的,较为复杂。在疲劳试验或分析中,直接使用复杂的随机谱,往往会带来

过程的烦琐和困难。因此在工程中较为广泛应用的是简化成程序加载谱或等幅谱。

载荷简化应遵循下述原则。

(1) 各级载荷应向造成损伤最严重的若干级载荷上简化;

(2) 折算应使使用载荷谱与简化载荷谱的总损伤相等。

6.4.3 等幅谱折算方法

在俄罗斯和西欧国家中常在疲劳分析时把复杂的随机谱折算成等幅谱,用它来对关键部分寿命进行评估,这在初步设计阶段对结构关键部位的寿命评估是很方便的。

(1) 已知某一过载过程 $n = f(t)$,利用奥丁变换

$$n_{eq} = \sqrt{2n_a n_{max}} = \sqrt{n_{max}(n_{max} - n_{min})} \tag{6-13}$$

将所选取的全周期过载转换成从零开始的等损伤周期过载(即 $R = 0$ 的等效过载)。

(2) 对每个具体的疲劳危险部位的抗疲劳性能都可用单独的疲劳曲线(S-N 曲线)来描述。假设用幂函数方式来表示 S-N 曲线[式(6-6)],即

$$\sigma^m N_P = A \tag{6-14}$$

式中:m,A 为材料参数;σ^m 为 N_P 周期下引起材料疲劳破坏的使应力比为零的应力。

根据帕尔姆格林-迈纳疲劳损伤累积理论,可以用下式来评估在 τ_l 时间内的损伤:

$$\varphi_{\tau l} = \sum_{i=1}^{t} \frac{1}{N_{iP}} \tag{6-15}$$

式中:l 为实际受载过程中的周期数,N_{iP} 为第 i 周期载荷水平作用下,损伤破坏的周期数。

在已知疲劳曲线(m,A)的情况下,为实现该结构在简化载荷谱作用下与原载荷谱的等效性,要求满足如下条件:

$$\sum_{j=1}^{L} \frac{n_j}{N_{jP}} = \sum_{i=1}^{t} \frac{1}{N_{iP}} \tag{6-16}$$

式中:L 为简化谱的加载级数,当 $L = 1$ 时即为单级等幅谱;n_j 为第 j 级加载次数;N_j 为第 j 级载荷水平下损伤破坏周期数。

(3) 考虑到疲劳危险部位的疲劳 S-N 曲线(参数 m,A)在进行简化折算时是未知的。在这种情况下(针对所有可能的疲劳曲线),为保证简化谱与实际载荷谱的等效性,可利用最大似然值原理确定其参数。这里可用最小二乘法原理实现最大似然值。

针对疲劳曲线参数的一系列可能值 m_1,m_2,$\cdots$,m_t 和 A_1,A_2,$\cdots$,A_k 用如下形式的相对损伤二次方和数值最小化方法来求解问题,即

$$\min = \sum_{m=m_1}^{m_t} \sum_{A=A_1}^{A_k} \frac{\left[\sum \dfrac{n_j}{N_{jP}(m,A)} - \sum \dfrac{1}{N_{iP}(m,A)} \right]^2}{\sum \dfrac{1}{N_{iP}(m,A)}} \tag{6-17}$$

这一条件确定了简化谱的损伤与实际谱的损伤等效,且不依赖于危险部位材料的疲劳曲线。

由 $N_P = \dfrac{A}{\sigma_{eq}^m}$,可得

$$\min = \sum_{m=m_1}^{m_t} \frac{\left(\sum_j n_j \sigma_{\mathrm{eq}j}^m - \sum_i n_i \sigma_{\mathrm{eq}i}^m \right)^2}{\sum_i n_i \sigma_{\mathrm{eq}i}^m} \qquad (6-18)$$

很显然,在利用相对损伤差值求解简化谱与实际加载过程的等效性时,没有必要使 A 参数最小化,只需调节 m 参数的值。通过对高强铝合金 B95(LC9)和钛合金 BT20(TA15)等材料的研究,m 在 3～5 范围内最佳,通常可取 $m=4$。

当结构中的应力与飞机外载荷可用单调函数描述,且外载荷与参数变化过程高相关,其函数关系接近于线性时,疲劳薄弱部位全周期的应力变化过程可用全周期外载荷变化过程来描述,这样对结构的疲劳薄弱部位中应力变化过程的模拟可简化成外载荷的参数变化过程来模拟。

飞机的重心过载 n_a 与飞机外载荷高度相关,函数关系接近于线性,且与结构应力的关系可用单调函数描述,故可用重心过载的变化过程来确定飞机所受的损伤,即

$$\xi_{\mathrm{ve}} = \sum_i (n_{\mathrm{eq}})^m \qquad (6-19)$$

式中:当量过载 $n_{\mathrm{eq}} = \sqrt{n_{\max}(n_{\max} - n_{\min})}$。

这样在飞行时,通过飞参记录仪,真实记录重心过载 n 的变化过程后,可方便地计算出飞机在这次飞行中所受的损伤以对飞机实施单机监控。

6.5 无人直升机结构疲劳寿命估算方法

6.5.1 疲劳寿命的定义

飞机结构的疲劳寿命是指结构从投入使用到最后发生疲劳断裂所经历的飞行次数(或飞行小时数)。飞机结构的疲劳断裂是指飞机结构的关键部位发生了疲劳破坏[57]。因此飞机结构的疲劳寿命又是以关键部件的疲劳寿命为代表的。

除了上述一般性定义外,关于疲劳寿命还有多种定义,如无裂纹寿命、裂纹扩展寿命、安全寿命、使用寿命、经济寿命、全寿命等。总的来讲,作为一个结构,从投入使用到最后的疲劳断裂的寿命,应该主要由疲劳裂纹形成寿命 N_1(即无裂纹寿命)和裂纹扩展寿命 N_i 组成,即全寿命

$$N = N_i + N_1 \qquad (6-20)$$

安全寿命和使用寿命是考虑了安全系数和疲劳寿命分散性后的无裂纹寿命或者全寿命的安全指标。结构使用一定时间后会产生疲劳破坏需进行修复,修复后可继续使用。但若到了一定寿命后,破损严重,不修不能用,再修又不经济,此即为经济寿命。

无裂纹寿命在全寿命中所占的比例同结构形式、载荷条件、环境、材料、工艺等因素相关。近年来,随着冶金技术、加工工艺水平、无损探伤技术不断提高,在结构的关键部位,在危险的方向上确保无明显初始裂纹(缺陷)存在,既是必要的,也是可能的。结构的无裂纹寿命是研究的重点。疲劳寿命的估算主要是对无裂纹寿命的估算。对于裂纹扩展寿命的估算是断裂力学研究的课题。因此只有疲劳与断裂力学结合起来才能圆满解决实际结构的疲劳

断裂破坏。

工程上所谓的疲劳裂纹形成阶段常指疲劳裂纹成核并扩展到工程上可检长度（如0.5mm 左右）的阶段。因此通过疲劳寿命计算，算出结构的无裂纹寿命后，也可认为结构已产生了工程可检裂纹。

6.5.2 疲劳寿命估算方法

评估结构疲劳寿命的方法可分为标称应力法和局部应力-变形法。

标称应力法是最早形成的疲劳寿命计算方法，它是基于材料或部件的 $S-N$ 曲线，比较样品或结构的疲劳危险部位的应力集中系数和额定应力，结合疲劳损伤累积理论，测试疲劳强度或计算疲劳资源。

局部应力-应变法主要应用于基于材料或部件的循环应力-应变曲线和应变-寿命曲线的评估。将构件上的名义应力-应变谱转换成危险部位的局部应力-应变谱，结合疲劳损伤累积理论，进行疲劳寿命估算。

1. 名义应力法估算疲劳寿命

用名义应力法估算结构危险部位的疲劳寿命的框图如图 6-9 所示。

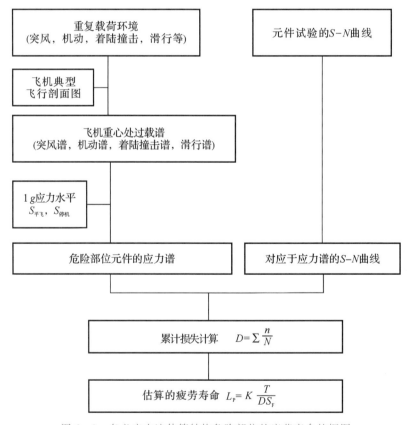

图 6-9　名义应力法估算结构危险部位的疲劳寿命的框图

具体步骤如下：

(1)确定交变载荷环境,计算疲劳载荷谱。

(2)确定危险部位应力谱。

(3)取得对应于应力谱的 $S-N$ 曲线。$S-N$ 曲线是与应力比 R 对应的,如果要求得与应力谱相应的 $S-N$ 曲线,必须有多条 $S-N$ 曲线,这是相当麻烦的。通常可以先按一个给定的平均应力直接由疲劳试验获得一条 $S-N$ 曲线,再借助古德曼直线公式,推得不同平均应力下的 $S-N$ 曲线,即

$$\sigma'_n = \sigma_n \frac{\sigma_b - \sigma_m}{\sigma_b - \sigma'_m} \tag{6-21}$$

式中:σ_m 为给定 $S-N$ 曲线的平均应力;σ_n 为某个寿命下从 $S-N$ 曲线查得的交变应力;σ'_m 为要求的平均应力;σ'_n 为等寿命前提下与 σ'_m 相对应的交变应力;σ_b 为强度极限。

(4)利用线性累积损伤原理进行寿命估算。

先计算每次循环应力造成的损伤,即

$$d_i = \frac{n_i}{N_i} \tag{6-22}$$

再求出总损伤,即

$$D = \sum d_i = \sum \frac{n_i}{N_i} \tag{6-23}$$

若应力谱代表的时间为 T,疲劳安全寿命系数为 S_F,则估算的安全疲劳寿命为

$$L_P = K \frac{T}{DS_F} \tag{6-24}$$

式中:K 为按试验结果的修正系数,作为初步估算,不妨取 $K=1$;S_F 为安全寿命系数,应包括载荷分散系数、寿命分散系数和安全余度,在国家军用标准中规定 $S_F = 4 \sim 6$。

2. 用于连接件的疲劳寿命估算方法 —— 应力严重系数法

飞机结构是由成千上万的零件通过铆钉、螺钉等紧固件连接起来的,所以连接件的寿命估算是飞机寿命估算的一个重要课题。应力严重系数法也属于名义应力法,它要求对结构的连接件作细节分析,包括紧固件所传递的载荷。连接件的疲劳特征在很大程度上受孔的加工质量、紧固件形式和装配工艺的影响。有些影响可通过计算确定,但大部分因素要通过试验才能确定。关键是要找到合适的应力严重系数。

一个承受轴向载荷的组合结构,若把紧固件连接的下面一块板拿出来作为分离体研究,由图 6-10 可见,板受到的载荷可分成两部分:一部分是由旁路通过的载荷 P,另一部分是由紧固件传递的载荷。

旁路载荷通过开孔区时,传力的几何形状发生变化引起了应力集中。紧固件传递的载荷,对板来说是在开孔处载荷发生冲突,同样引起了应力集中。

旁路载荷 P 引起的局部最大应力为

$$\sigma_1 = K_{tg} \frac{P}{wt} \tag{6-25}$$

式中:K_{tg} 为旁路毛面积应力的应力集中系数;t 为板的厚度;w 为板的宽度。

紧固件传递载荷 ΔP 引起的局部应力为

$$\sigma_2 = K_{tb} \frac{\Delta P}{dt} \theta \tag{6-26}$$

式中：K_{tb} 为挤压应力引起的应力集中系数；d 为钉孔直径；θ 为挤压应力分布系数。

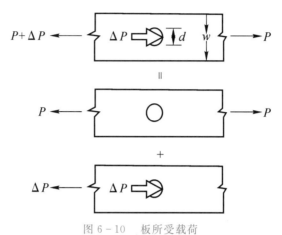

图 6-10　板所受载荷

应力集中系数 K_{tg} 可以从有关应力集中资料中直接查到；挤压应力集中系数 K_{tb} 如图 6-11 所示；挤压分布系数 θ 是考虑孔内侧不均匀挤压的影响，它与板和紧固件的接头形式等因素相关，一般应由试验得到。在初步设计时，如果没有试验数据，可近似地采用图 6-12 的数据。

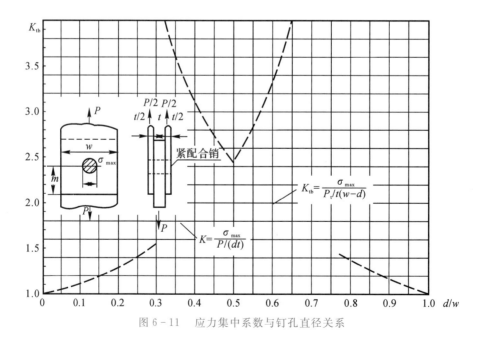

图 6-11　应力集中系数与钉孔直径关系

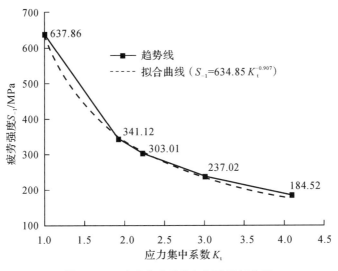

图 6 - 12　应力集中系数与钉孔近似关系

图 6 - 13 为旁路载荷引起的局部应力分析图,图 6 - 14 为传递载荷引起的局部应力分析图。

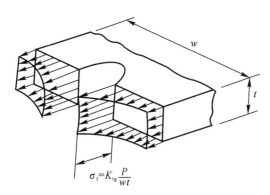

图 6 - 13　旁路载荷引起的局部应力

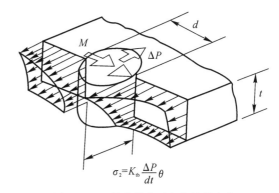

图 6 - 14　传递载荷引起的局部应力

孔边的最大应力是所表示的两部分应力之和,即

$$\sigma_{\max} = K_{\text{tg}} \frac{P}{wt} + K_{\text{tb}} \frac{\Delta P}{dt} \theta \tag{6-27}$$

总的应力集中系数为

$$K_{\text{tA}} = \frac{K_{\text{tg}} \dfrac{P}{wt} + K_{\text{tb}} \dfrac{\Delta P}{dt} \theta}{\sigma_{\text{ref}}} \tag{6-28}$$

式中:σ_{ref} 为参考应力,可取钉孔附近毛面积的名义应力,即

$$\sigma_{\text{ref}} = \frac{P}{wt} \tag{6-29}$$

仅用总应力集中系数 K_{tA} 还不能很好地反映连接件的疲劳特性,因为它取决于紧固件

形式和装配形式。考虑了这些因素的总应力集中系数称为应力严重系数(S.S.F),即

$$S.S.F = \alpha\beta K_{tA} = \frac{\alpha\beta}{\sigma_{ref}}(K_{tg}\frac{P}{wt} + K_{tb}\frac{\Delta P}{dt}\theta) \qquad (6-30)$$

式中:α 为孔的表面状态系数;β 为紧固件和连接板配合的充填系数。

α,β 一般由试验确定,没有合适的试验数据时,可参考表 6-4 中所列数据。

表 6-4　参考数据

状态	表面状态系数 α	状态	充填系数 β
圆角半径	$1.0 \sim 1.5$	开孔	1.0
标准钻孔	1.0	锁紧钢螺栓	0.75
扩孔或铰孔	0.9	铆钉	0.75
冷作孔	$0.7 \sim 0.8$	螺栓	$0.75 \sim 0.9$
		锥形锁紧紧固件	0.5

应力严重系数表征孔边最大局部应力分大小,是一个无量纲系数,仅受结构配置参数的影响,它反映了结构疲劳品质的优劣。因此可把应力严重系数看作应力集中系数 K,用名义应力法来进行疲劳分析和寿命估算。S.S.F 愈大的地方,一般疲劳寿命也愈短。

3. 局部应力-应变法 —— 应变疲劳法

前面的两种方法,考虑材料及结构的疲劳特性建立在应力与疲劳损伤的关系上。但实际上,疲劳应力只反映了结构所承受的载荷,而应变则反映了结构内部的变形,它和应力相比与疲劳损伤有更直接的联系。特别是在短寿命区,疲劳应力较大,应力集中部位进入塑性状态,再用 $S-N$ 曲线计算疲劳寿命差异就较大了。试验数据表明,在疲劳寿命小于 10^4 时,$S-N$ 曲线不再适用,必须用应变与疲劳寿命的关系来描述材料的疲劳特性,称之为应变疲劳。

用应变疲劳方法计算结构寿命的方法称为局部应力-应变法。它的基本理论仍是迈纳线性累积损伤理论,只是计算损伤度不再是用名义应力和 $S-N$ 曲线,而是从疲劳危险部位的局部真实应变和 $\varepsilon-N$ 曲线计算结构的损伤。

局部应力-应变法的计算步骤如下所述。

(1)确定载荷与局部应变关系。对于实际结构,给出的疲劳载荷谱往往是名义应力谱,而局部应力由于应力集中和材料进入塑性区,与名义应力不再成正比,所以首先要确定局部应力集中处的真实应力和真实应变。工程中常用的方法有诺伯(Neuber)法。

假设用线弹性理论计算的理论应力集中系数 K_t,是真实应力集中系数 K_σ 和真实应变集中系数 K_ε 的几何平均值,即

$$K_t = \sqrt{K_\sigma K_\varepsilon} \qquad (6-31)$$

真实应力集中系数和真实应变集中系数的定义分别为

$$K_\sigma = \frac{\sigma}{S}, \quad K_\varepsilon = \frac{\varepsilon}{e} \qquad (6-32)$$

式中:σ,ε 为真实应力和应变;S,e 为名义应力和应变。

当名义应力和名义应变处于弹性范围状态时,有 $e=S/E$。将 K_σ 和 K_e 代入后得

$$K_t^2 = \frac{\sigma\varepsilon}{Se} = \sigma\varepsilon\,\frac{E}{S^2} \qquad (6-33)$$

即 $\sigma\varepsilon = K_t^2\dfrac{S^2}{E}$。

当结构的细节形式、名义应力及材料的弹性模量确定后,$K_t^2\dfrac{S^2}{E}$ 是常数,所以在 σ-ε 平面内是一条双曲线。如果给出一系列名义应力,就可以得到一系列的双曲线,称为诺伯双曲线。

如果有了材料的应力-应变曲线,即 σ-ε 曲线(见图 6-15),那么诺伯双曲线(见图 6-16)与 σ-ε 曲线的交点 A 的坐标(σ_A,ε_A) 就是对应于名义应力的局部应力和局部应变。此时 $\varepsilon_{a1}=(\varepsilon_\sigma-\varepsilon_e)/2$,$\varepsilon_{m1}=(\varepsilon_\sigma+\varepsilon_e)/2$,其他 $\varepsilon_{a2},\varepsilon_{m2}\cdots$ 可一次求得。根据奥丁变换可求得 $R=0$ 时的等效应变为

$$\varepsilon_{eqi} = \sqrt{2\varepsilon_{ai}\varepsilon_{maxi}} \qquad (6-34)$$

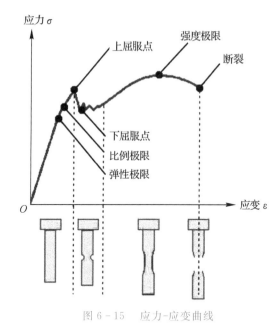

图 6-15　应力-应变曲线

（2）计算应变谱。有了诺伯双曲线就可以从名义应力历程来计算局部应变历程,即局部应变谱。

1)B 点的确定:按线弹性原则计算理论应力集中系数 K_t 和名义应力谱的变程 $\Delta S_1 = S_b - S_a$,作双曲线,有

$$\Delta\sigma\,\Delta\varepsilon = K_t^2\,\frac{(\Delta S_1)^2}{E} \qquad (6-35)$$

与静态加载的 σ-ε 曲线不同,在循环加载时,以 A 为原点画出稳定的迟滞 σ-ε 曲线 a,

便求得交点 B 处的局部实际应力 σ_B 和应变 ε_B。

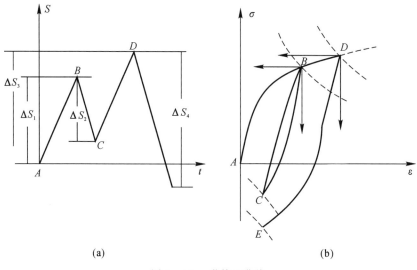

(a)   (b)

图 6 – 16　诺伯双曲线

2)C 点的确定:把 B 点作为坐标原点,向下画出迟滞曲线,用 BC 间名义应力增量 ΔS_2 画出 $\Delta\sigma\Delta\varepsilon = \dfrac{(K_t\Delta S_2)^2}{E}$ 的双曲线,得交点 C,其坐标就是 C 点的局部应力、应变值。

3)D 点的确定:从 C 点加载到 D 点,D 点超过 B 点的 S 值。此时要考虑到材料的"记忆特性",即从 C 点到 D 点可以看作从 A 点直接加载到 D 点,故要以 A 点为原点画出稳定循环 σ-ε 曲线,再以 A 点为坐标原点,作出 $\Delta\sigma\Delta\varepsilon = (K_t\Delta S_3)^2/E$ 双曲线,得到 D,其坐标值即为 D 点的局部应力、应变值。

4)E 点的确定:确定 E 点时,要以 D 点为坐标原点画出 $\Delta\sigma\Delta\varepsilon = (K_t\Delta S_4)^2/E$ 双曲线。

其他类同。在实际工程中,各类应力、应变可通过数学方式求解,交点可采用牛顿(或 Newtow – Raphson)迭代法求解。

(3)计算每一个疲劳应变循环造成的疲劳损伤。在 ε-N 曲线上查找对应等效应变幅值 ε_{eqi} 的疲劳寿命 N_i,则对于完整的疲劳应变循环,造成的损伤为

$$d_i = \frac{1}{N_{fi}} \tag{6-36}$$

对于半循环造成的损伤为

$$d'_i = \frac{1}{2N_{fi}} \tag{6-37}$$

按照迈纳线性累积损伤理论,一个载荷谱造成的损伤为

$$d = \sum_i d_i \tag{6-38}$$

(4)计算疲劳寿命。当结构疲劳危险部位的疲劳损伤达到疲劳损伤的临界值 D_e($D_e < 1$)时,结构将发生破坏,则结构的疲劳寿命为

$$T = \frac{D_{e}}{\sum\limits_{i} d_{i}} \qquad (6-39)$$

临界疲劳损伤值 D_e 取决于结构的形式和结构的重要性。

局部应力-应变法使用材料的 $\varepsilon - N$ 曲线试验的工作量较小,同时直接应用局部真实应力、应变,可以比较真实地反映结构的疲劳损伤状态,是一种比较有前景的疲劳寿命估算方法。但是因为局部应力-应变法未考虑尺寸及表面状态影响,所以对高周疲劳分析误差较大;名义应力法估算出的是总寿命,而局部应力-应变法估算的是裂纹形成寿命。

4. 细节疲劳额定值(DFR)法

(1)原理。细节疲劳额定值(DFR)是对应 $N = 10^5$ 循环处,95%置信度,95%存活率,应力比 $R = 0.06$ 条件下的最大破坏应力。它代表了材料结构细节的抗疲劳品质,是结构固有的疲劳性能特征值[58]。用结构的当量应力与 DFR 比值减去"1"代表结构的疲劳裕度。该法是一种快捷的疲劳评估工程方法,主要用于民机和运输机,因为民机和运输机主要损伤来自地—空—地循环,且寿命指标大多在 20 000～60 000 起落,用 10^5 循环为指标较合适。对于军机也可以比照应用。

(2)分析步骤。

第一步:确定目标寿命——飞行次数、时间。根据设计要求和目标文件确定。

第二步:确定疲劳可靠性系数(FRF):疲劳可靠性系数是目标寿命的放大系数(相当于安全系数),根据飞机部位确定。

第三步:确定地—空—地(GAG)应力循环,并考虑动态放大系数确定应力谱,得出最高和最低应力,及主应力循环。

第四步:计算地—空—地损伤比:

$$地—空—地损伤比 = \frac{地—空—地损伤}{总损伤} \qquad (6-40)$$

第五步:计算当量地—空—地循环数。

当量地—空—地循环数是将代表全部载荷情况造成的总损伤折算成地—空—地循环的次数,即

$$地—空—地循环次数 = \frac{(目标寿命飞行次数) \times (疲劳可靠性系数)}{地—空—地损伤比} \qquad (6-41)$$

第六步:确定被检查细节的疲劳额定值(DFR)。

DFR 的确定主要以试验和使用统计为依据,也可以根据材料、结构、工艺等通过修正计算获得。DFR 与载荷无关,与结构材料性能、形状尺寸、结构形式、应力集中、工艺特点、连接形式、特征部位数量等有关。

第七步:确定地—空—地许用应力 $[\sigma_{\max}]$。

确定地—空—地许用应力指具体细节部位(DFR 已定)、当量地—空—地循环数及其应力比的情况下,所允许的最大应力值。取决于下列参数:

1)应力比 $R = \sigma_{\min} / \sigma_{\max}$;

2)当量地—空—地循环数;

3)细节的疲劳额定值(DFR)。

按上述参数,可以通过手册标准 $S-N$ 曲线查取地—空—地许用应力。

第八步:计算疲劳裕度。

$$疲劳裕度 = \frac{地-空-地许用应力}{地-空-地实际应力} - 1 = \frac{[\sigma_{max}]}{\sigma_{max}} - 1 \tag{6-42}$$

DFR 法简化了疲劳分析,可以像静强度计算一样校核疲劳强度,特别是计算机、有限元广泛应用情况下,编制了系列疲劳分析程序,可以方便地从飞机设计打样开始,与静强度计算同步进行疲劳强度校核,提高了设计效率。目前 DFR 的确定及有关系数的选取主要采用国外数据。为提高分析精度,应开展国产材料及结构的有关试验,以及外场飞行数据的积累,以完善 DFR 取值。

6.6　疲劳寿命的分布

工程实践证明:一批名义上相同的试件的疲劳寿命存在着明显的分散性。例如,我国某工厂为了研究铝合金胶接点焊接头的疲劳性能,取 10 个试件在名义上一致的条件下进行疲劳试验,得到的疲劳寿命数据如下(单位为 10^3 周):

$$199,244,265,321,329,377,382,394,424,578$$

实际上这样的分散性还不算很突出,很多疲劳试验结果显现的分散性还要严重些。因此为了保证结构使用安全,把疲劳寿命近似当成常量处理显然很不恰当,必须用处理随机变量的方法,即用统计数学的方法来处理疲劳寿命问题[59]。在长期实践的基础上,目前提出的疲劳寿命概率分布类型主要有两种:对数正态分布和韦布尔分布。

6.6.1　对数正态分布

所谓疲劳寿命 N 服从对数正态分布,指的是疲劳寿命的对数值 $X = \lg N$ 服从正态分布,即

$$X \sim N(\mu, \sigma^2) \tag{6-43}$$

X 的数学期望 μ 和标准差 σ 称为疲劳寿命 N 的对数型平均值和对数型标准差。有

$$\mu = \lg[E(N)] - \frac{\sigma^2}{n}\ln 10 \tag{6-44}$$

或写成

$$E(N) = \lg^{-1}\left(\mu + \frac{\sigma^2}{n}\ln 10\right)$$

$$\sigma^2 = E(S^2) \tag{6-45}$$

$$\sigma^2 = \frac{1}{n-1}\sum_{i=1}^{n}(x_i = \bar{x})^2 = \frac{1}{n-1}\left[\sum_{i=1}^{n}(x_i^2 - n\bar{x}^2)\right] \tag{6-46}$$

$$\bar{x} = \frac{1}{n}\sum_{i=1}^{n}x_i = \frac{1}{n}\sum_{i=1}^{n}(\lg N_i) \tag{6-47}$$

6.6.2　韦布尔分布

所谓疲劳寿命 N 服从韦布尔分布是指它的分布函数为

$$F(N) = \begin{cases} 1 - \mathrm{e}^{-\left(\frac{N-N_0}{N_a-N_0}\right)^b}, & N > N_0 \\ \\ 0, & N < N_0 \end{cases} \tag{6-48}$$

其中包含三个参数,故又称三参数韦布尔分布。这三个参数是最小寿命 N_0、特征寿命 N_a 和斜率 b。

特征寿命 N_a 表示为

$$P\{N \leqslant N_a\} = F(N_a) = 1 - \mathrm{e}^{-1} = 63.2\% \tag{6-49}$$

这表明,母体中寿命低于 N_a 的个体有 63.2%,可见特征寿命 N_a 就是对应寿命分布函数值等于 63.2% 的百分位点(见图 6-17)。

特别地,当 $N_0 = 0$ 时,有所谓双参数韦布尔分布:

$$F(N) = 1 - \mathrm{e}^{\left(-\frac{N}{N_a}\right)^b} \tag{6-50}$$

在韦布尔坐标下,韦布尔分布曲线可以用直线表示:

$$Y = -2.303b \lg(N - N_0) + 2.303b \lg(N_a - N_0) \tag{6-51}$$

式中:b 是直线斜率,其纵坐标为 $-\ln[1 - F(N)]^{-1}$,横坐标为 $\ln(N - N_0)$。

在上述疲劳寿命的两种分布形式中,对数正态分布仍是目前较为常用的分布形式。基于正态分布的统计推断方法较为成熟,且按对数正态分布处理的疲劳寿命数据,一般会得到偏保守的结果。因此本节主要讨论疲劳寿命服从对数正态分布下的数据处理方法。

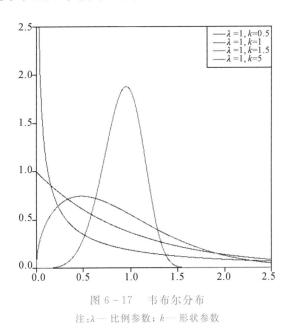

图 6-17　韦布尔分布

注:λ— 比例参数;k— 形状参数

6.6.3　安全寿命的数据处理

既然一大批同类零件(或飞机)的疲劳寿命 N 是一个随机变量,那么在同样的使用条件下,就会有的寿命长,有的寿命短,但在使用到破坏以前又不能确切知道该零件(或飞机)的寿命是多少,那么如何保证使用安全呢?

目前常用的方法是,对某一类零件(或同一类飞机)规定一个较低的寿命 N_s 为使用寿命,其对应的对数值记为 X_s,使得

$$P\{N \geqslant N_s\} = P\{X \geqslant X_s\} - p \tag{6-52}$$

式中:p 称为存活率,即母体中疲劳寿命高于或等于 N_s 的概率。计算中 p 取 0.99 或 0.999。

现分两种情况讨论疲劳寿命服从对数正态分布即 $X \sim N(\mu, \sigma^2)$ 的前提下,X_s 的求解 $[\lg(N_s) = X_s]$ 方法。

1. 由标准差 σ 求 X_s

工程上对于某些常用材料和结构,根据过去大量试验结果,可以对其标准差作出一定假设。例如英国规范 AP-970 中规定:对常用铝合金材料,其对数型标准差 c 可取 0.176,在知道 c 的条件下,可按下述方法决定 X_s。

若有 n 个零件(或飞机)在要求条件下进行疲劳试验,得到 n 个寿命值,取对数后,得 n 个对数寿命 $x_1, x_2, \cdots, x_n$ 则有

$$\bar{x} = \sum_{i=1}^{n} x_i \tag{6-53}$$

因为 $\qquad\qquad X \sim N(\mu, \sigma^2), \bar{x} \sim N(\mu, \sigma^2/n)$

所以 $\qquad\qquad X - \bar{x} \sim N(0, \dfrac{n+1}{n}\sigma^2)$

故 $\qquad\qquad u = \dfrac{X - \bar{x}}{\sigma\sqrt{\dfrac{n+1}{n}}} \sim N(0,1)$

根据要求存活率 p,建立如下概率条件:

$$P\{\dfrac{X - \bar{x}}{\sigma\sqrt{\dfrac{n+1}{n}}} \leqslant u_p\} = p \tag{6-54}$$

查正态分布表可得 u_p 的值。

将上述概率条件变换为

$$P\{X \geqslant \bar{x} - u_p\sigma\sqrt{\dfrac{n+1}{n}}\} = p$$

与要求条件式(6-53)比较可得

$$X_s = \bar{x} - u_p\sigma\sqrt{\dfrac{n+1}{n}} \tag{6-55}$$

最后对 X_s 取反对数就得到 N_s,即

$$N_s = \lg^{-1} X_s \tag{6-56}$$

2. μ 及 σ 均未知时求 X_s

从母体 X 中抽取容量为 n 的子样 $(X_1, X_2, \cdots, X_n)$,求其 $\bar{x}$ 及 S。有

$$\overline{x} = \frac{1}{n} \sum_{i=1}^{n} x_i \tag{6-57}$$

可知

$$S = \sqrt{\frac{1}{n-1} \sum_{i=1}^{n} (X_i - \overline{x})^2}$$

可以证明,随机变量

$$t = \frac{\overline{x} - X}{S \sqrt{\frac{n+1}{n}}} \tag{6-58}$$

服从自由度为 $n-1$ 的 t 分布(t 分布为常用的统计分布)。

根据要求的存活率 p,引出概率条件:

$$P \left\{ \frac{\overline{x} - X}{S \sqrt{\frac{n+1}{n}}} \leqslant t_p \right\} = p \tag{6-59}$$

查 t 分布表可得 t_p。

式(6-59)可以变换为

$$P \left\{ X \geqslant \overline{x} - t_p S \sqrt{\frac{n+1}{n}} \right\} = p \tag{6-60}$$

比较可得

$$X_s = \overline{x} - t_p S \sqrt{\frac{n+1}{n}} \tag{6-61}$$

最后得 $N_s = \lg^{-1} X_s$。

当 $n \to \infty$ 时,t 分布趋于标准正态分布。因此,工程上,当 $n > 30$ 时,一般可以近似地用 u_p 代替 t_p,也就是说,当 n 较大时,可近似地把子样标准差 S 当作母体标准差 σ,而按式 (6-61) 计算 X_s。

3. 疲劳寿命分散系数

工程上,常将 $\widetilde{N}/N_s$ 称为疲劳寿命分散系数,记为 S_F,即

$$S_F = \widetilde{N}/N_s \tag{6-62}$$

式中:$\widetilde{N} = \lg^{-1} \overline{X}$,称为几何平均寿命。

这样可得 $S_F = \dfrac{\widetilde{N}}{N_s} = \dfrac{\lg^{-1} \overline{X}}{\lg^{-1} X_s}$。

根据上面所讲母体标准差已知和未知的两种情况,可分别求得分散系数计算公式。

(1)σ 已知时 $\qquad\qquad S_F = 10^{u_p \sigma \sqrt{\frac{n+1}{n}}}$

可得 $\qquad\qquad S_F = 10^{2.236 \times 0.180 \times \sqrt{\frac{6}{5}}} = 10^{0.456} = 2.87$

(2)当 σ 未知时,可得

$$S_F = 10^{3.74 \times 0.150 \times \sqrt{\frac{6}{5}}} = 10^{0.5954} = 3.94$$

由此可见,σ 是否已知,对疲劳寿命分散系数的大小影响很大,特别是当子样容量 n 较

小时,这种影响更加显著。因为,在 σ 已知的条件下求安全寿命,实质上利用了以往对同类材料或同类结构大量试验结果的信息,因此提高了推断的精确度,致使分散系数减小。

目前工程分析、设计中使用的疲劳寿命分散系数主要还是根据使用经验和规范要求确定。现将英国军用规范 AP－970 和英国民航适航性要求 BCAR 中关于寿命分散系数的规定给出(见表 6－5)。

表 6－5　寿命分散系数

试件数 n		1	2	3	4	6	10	25	100
分散系数 S_F	AP－970	5.0	4.2	3.9	3.75	3.6	3.5	3.4	3.3
	BCAR	6.0		4.5		3.5			

美国也有对分散系数的规定,如美国军用规范 MIL－A－008866(USAF)中规定:设计疲劳分散系数是一个防止经受使用载荷谱比设计使用载荷谱更严重,导致机队飞机疲劳寿命比试验飞机疲劳寿命更短的系数[60]。规定该设计疲劳分散系数最小值为 4.0,1998—2000 年美国国防部颁发的联合使用规范指南 JSSG—2006《飞机结构》规定,在采集严重谱(涵盖机群 90％以上飞机的载荷谱)时,允许疲劳分散系数为 2＋1,即 2 倍寿命期不允许出现疲劳裂纹,后 1 倍寿命期内允许进行修理后完成。

4. 具有置信度的安全寿命

对于像飞机这种对安全性要求很高的结构,在决定安全寿命时,单考虑 0.99 的存活率还不够,还必须对 $\mu-\mu_p\sigma$ 进行置信区间估计,而取置信区间的下端点作为安全对数寿命 X_s。具体方法如下:

(1)σ 已知 μ 未知时。首先根据疲劳试验结果,求得子样平均值 $\bar{x}$。然后,规定一个较大的概率 $1-\alpha$[称为置信水平(或置信度)],工程上常取 $(1-\alpha)$ 为 0.95 或 0.90,建立如下概率条件:

$$P\{\overline{X}-k\sigma \leqslant \mu-u_p\sigma\}=1-\alpha \qquad (6-63)$$

式中:$\overline{X}-k\sigma$ 就是 $\mu-\mu_p\sigma$ 的置信水平为 $100(1-\alpha)\%$ 的置信区间 $(\overline{X}-k\sigma,+\infty)$ 的下端点。我们已经知道,$\mu-\mu_p\sigma$ 对应的存活率为 p,而式(6－63)表明,$\overline{X}-k\sigma$ 小于或等于 $\mu-\mu_p\sigma$ 的概率是 $1-\alpha$,根据分布函数非减的性质,若取 $X_s=\overline{X}-k\alpha$,就有 $100(1-\alpha)\%$ 的把握保证,实际存活率大于或等于要求的存活率。现在的问题是如何求出 k 值。

为此,对式(6－64)进行适当变换,则有

$$P\left\{\frac{\overline{X}-\mu}{\frac{\sigma}{\sqrt{n}}} \leqslant (k-u_p)\sqrt{n}\right\}=1-\alpha \qquad (6-64)$$

注意到

$$u=\frac{\overline{X}-\mu}{\frac{\sigma}{\sqrt{n}}} \sim N(0,1) \qquad (6-65)$$

故 $(k-u_p)\sqrt{n}=u_{1-\alpha}$，而根据规定的 $1-\alpha$ 值，利用条件 $P\{u<u_{1-\alpha}\}=1-\alpha$，可从标准正态分布表查得 $u_{1-\alpha}$ 的值。这样就得到

$$k=u_p+\frac{u_{1-\alpha}}{\sqrt{n}} \tag{6-66}$$

于是，对应置信水平 $1-\alpha$ 和存活率 p 的安全对数寿命为

$$X_s=\overline{x}-(u_p+\frac{u_{1-\alpha}}{\sqrt{n}})\sigma \tag{6-67}$$

而对应用此种情况的寿命分散系数计算公式为

$$S_F=10^{(u_p+\frac{u_{1-\alpha}}{\sqrt{n}})\sigma} \tag{6-68}$$

（2）当 μ 及 σ 均未知时。与前面的步骤相仿，首先根据疲劳试验结果，求出 μ 与 σ 的点估计值 $\overline{X}$ 和 S。然后，根据规定的置信水平，建立如下概率条件：

$$P\{\overline{X}-kS\leqslant\mu-u_p\sigma\}=1-\alpha \tag{6-69}$$

式中：k 值由此概率条件所规定，称为单侧容限系数，它是存活率 p、置信水平 $1-\alpha$ 和子样容量 n 的函数，但求解过程较烦琐。表 6-6 给出了 k 的数值表。显然，这时对应于存活率 p、置信水平 $1-\alpha$ 的安全对数寿命为

$$\overline{X}_s=\overline{X}-kS \tag{6-70}$$

也就是说，如果能达到所确定的安全对数寿命，那么，就有 $100(1-\alpha)\%$ 的把握保证实际存活率大于或等于所要求的存活率 p。

表 6-6　具有置信度的安全寿命

n	$1-\alpha$							
	0.90				0.95			
	p							
	0.90	0.95	0.99	0.999	0.90	0.95	0.99	0.999
3	4.258	5.311	7.340	9.651	6.155	7.656	10.553	13.837
4	3.188	3.957	5.438	7.129	4.162	5.144	7.042	9.214
5	2.742	3.400	4.666	6.111	3.407	4.203	5.741	7.502
6	2.494	3.092	4.243	5.555	3.006	3.708	5.062	6.612
7	2.333	2.894	3.972	5.202	2.755	3.399	4.642	6.063
8	2.219	2.754	3.783	4.955	2.582	3.187	4.354	5.688
9	2.133	2.650	3.641	4.771	2.454	3.031	4.143	5.413
10	2.066	2.568	3.532	4.629	2.355	2.911	3.981	5.203
12	1.966	2.448	3.371	4.420	2.210	2.726	3.747	4.900
14	1.895	2.363	3.257	4.273	2.109	2.614	3.585	4.690
16	1.842	2.299	3.172	4.164	2.033	2.524	3.464	4.535

续表

n	$1-\alpha$							
	0.90				0.95			
	p							
	0.90	0.95	0.99	0.999	0.90	0.95	0.99	0.999
18	1.800	2.249	3.105	4.078	1.974	2.453	3.370	4.415
20	1.765	2.208	3.052	4.009	1.926	2.396	3.295	4.318
30	1.657	2.080	2.884	3.794	1.777	2.220	3.064	4.022
40	1.598	2.010	2.793	3.679	1.697	2.125	2.941	3.865
60	1.532	1.933	2.694	3.552	1.609	2.022	2.807	3.695
80	1.495	1.890	2.638	3.482	1.559	1.964	2.733	3.601
120	1.452	1.841	2.574	3.402	1.503	1.899	2.649	3.495
240	1.399	1.780	2.497	3.304	1.434	1.819	2.547	3.367
∞	1.282	1.645	2.326	3.090	1.282	1.645	2.326	3.090

6.7 疲 劳 试 验

6.7.1 疲劳试验的目的及分类

对于一架结构复杂的现代飞机,在设计制造中要保证它具有足够的疲劳强度,给出合理的安全寿命和检修周期,使它通过验证并取得定型,疲劳试验是一个不可缺少的环节。

在飞机静强度设计中,分析计算和试验验证都是缺一不可。长期以来,人们一直把全尺寸结构静力试验作为结构静强度最好的验证方法。第5章介绍了结构静强度的计算方法,在工程中应用时是否合理,计算结果能否与试验结果一致,必须通过静力试验验证。而疲劳强度问题比静强度问题复杂,可是疲劳强度的计算方法却远不及静强度那样成熟,即使最精确的分析计算方法也不可能把影响疲劳强度的全部因素考虑进去。所以,对于疲劳强度来说,对于被研制的真实结构,在尽可能模拟真实的载荷及环境条件下进行广泛的试验研究和验证,是保证其具有足够的疲劳强度和正确评估的最可靠方法。

疲劳试验可分为:疲劳基本特性研究试验、工程性研究试验、研制试验、验证试验等。

(1)疲劳基本特性研究试验属于疲劳特性的基础研究,如对疲劳破坏机理的研究、对疲劳累积损伤的研究等,主要对不同材料、工艺状态的结构或元件的疲劳现象作出定性或定量描述,为疲劳寿命估算提供理论依据。

(2)工程性研究主要是由设计部门提出,如对材料性能比较、缺口效应、环境影响、应力幅和平均应力影响、疲劳裂纹扩展及剩余强度以及改进疲劳性能(如孔挤压,喷丸强化)的途径的研究。

（3）研制试验研究也可以说是一种工程性试验研究。往往是对一种新结构疲劳特性的评估（如复合材料结构），或是对改进设计的评估等。

（4）验证试验大多是全尺寸结构疲劳试验，是飞机结构疲劳设计中一个不可缺少的环节，其目的是对设计阶段所采用的一切假设和设想作出验证，发现结构的疲劳薄弱环节，再进行设计改进，并为结构的安全使用寿命和检修周期提供可靠依据。

6.7.2　全尺寸结构疲劳试验

全尺寸结构疲劳试验总的来说是要验证结构的完整性以及是否需要进行必要的修改。主要获得以下信息。

（1）暴露和发现结构的疲劳危险部位，揭露设计上、工艺上存在的欠缺处。

（2）获得主承力结构出现可见裂纹时的寿命。

（3）研究主承力结构疲劳裂纹发展规律及采取有效的裂纹检测方法和结构修复方案。

（4）研究结构的剩余强度。

（5）为确定飞机结构的使用寿命提供依据。

1. 试验和技术要求

全尺寸结构试验件，最主要的是要保持同批生产结构的真实性和完整性。对疲劳破坏有敏感的任何微小的结构细节，如铆钉孔、局部圆角、保险丝孔等，都不允许忽视，而应反映进去。这是因为结构上一些细小的变化常能大大影响疲劳寿命。这一点完全不同于静力试验机的要求。对于现代的第三代战斗机，其疲劳试验还必须装有能操纵活动舵面的电传操纵系统和可以收放起落架和舵面及其他功能部件的液压系统。但发动机、雷达、电子设备等机载附件可以不装，而用假件替代。因此，通常疲劳试验机应从批生产中选取，并按专门的疲劳试验机配套技术文件进行改装生产。

2. 试验载荷谱

疲劳试验时原则上要良好地再现或模拟真实载荷情况，目前通常都施加随机载荷谱，其所受的随机载荷峰谷值、作用次数交替作用程序和实际载荷一致，但为了使试验周期成为实际可取，一般均加快载荷变化速度。通常战斗机随机谱的周期为 $100\sim200$ 飞行小时，运输机和客机谱的周期可为 $500\sim1\,000$ 飞行小时，超过此周期后则重复进行。在条件不具备时也可按线性累积损伤理论将随机谱简化成程序块谱或等幅谱进行试验。

3. 试验时试件的支持

全机疲劳和全机静力试验一样，通常采用飞机悬空平衡在加载系统中，在飞机上施加的各种气动力载荷和惯性载荷是自身平衡的，飞机可以自由地变形。在分段结构疲劳试验中，一般试件装在支持夹具上。对于支持装置的要求是，提供与原结构相当的支持刚度以及相同的载荷分布。

4. 加载装置

全尺寸结构疲劳试验中，所施加的载荷值大、作用点多，在施加载荷时，必须要保证各加载点的载荷同时到达峰值或谷值。在超载时，能立即实现过载保护，防止将试件拉坏。目前各实验室大多采用液压伺服控制多点协调加载系统,如美国的 MTS 伺服加载系统等。

5. 裂纹探测

在全尺寸疲劳试验中能否及时地捕捉到主承力构件的疲劳裂纹,往往成为结构疲劳成败的关键。因为通过各种探测手段及时得知关键的承力部件发生微小的疲劳裂纹时,就可以及时采用耐久性修理或设计,经改进提高该部位的抗疲劳品质,从而延长全机的使用寿命[59]。若不能及时发现承力构件的疲劳裂纹,一旦裂纹扩展到临界裂纹或接近临界裂纹,往往会造成主承力结构的破坏或形成不能经济修理的局面,而导致试验提前终止。因此裂纹检测是疲劳试验中必须高度重视的工作,目前常用的方法有磁力探伤、荧光探伤、涡流探伤、超声波探伤、X 光探伤、着色检查等。但在试验过程中的监控主要是依靠声发射检测断裂部位,而大面积的检查仍然需要专业测试人员用低倍放大镜或孔探仪等,按规定的主承力构件巡视路线,夜以继日地不断检查。其中声发射检测也需不断地积累经验,把握事件发生概率、幅值的变化等,及时判断裂纹的发生。

6. 测量装置

疲劳试验中的应变、位移测量及载荷测量与静力试验大体相同,对于关键部位的应变要求进行动态跟踪测量,或定期在同载荷级下进行对比测量,一旦发现应变变化异常,应立即对测量部位进行检查[60]。

综上所述,全尺寸结构疲劳试验作为最后验证试验,是一项技术难度高、涉及面广、试验周期长、耗资大的试验。要圆满地完成这一试验,事需要先详尽分析、周密考虑和充分准备。因为全尺寸结构疲劳试验不是一项孤立的试验,它的成败与先期开展的一系列元件、零件、构件疲劳计算和试验相关,与应变、位移、载荷测量的精度,与裂纹检测的有效、及时密切相关。一旦失败,将严重影响型号研制和飞机的寿命。

因此全尺寸疲劳试验是飞机结构疲劳寿命研究中最重要的试验,需要特别用心。

参考文献

[1] 褚双双.直升机数值风洞仿真试验评估系统数据库技术与应用软件集成研究[D].南京:南京航空航天大学，2010.

[2] 杨华保.飞机原理与构造[M].西安:西北工业大学出版社,2010.

[3] 刘秀明,王世杰,欧阳自远.大气圈和水圈物质组成的演化及其对表生地质作用的制约[J].第四纪研究,2002(6):568－577.

[4] 张静影.GNSS对流层延迟预测及台风期间水汽时空特征分析[D].南昌:东华理工大学,2020.

[5] 欧阳向京,陈树新.临近空间通信平台及其军事应用[J].火力与指挥控制,2012,37(2):163－166.

[6] 高尚.磁流变抛光液固液两相流动效应一致性研究[D].北京:北京交通大学,2020.

[7] 甘丽华.熔体纺丝组件中流体流动特性的研究[D].天津:天津工业大学,2016.

[8] 王顺章.四旋翼无人机集群协同飞行原理验证系统研制[D].南京:南京航空航天大学,2020.

[9] 潘文全,工程流体力学[M].北京:清华大学出版社,1988.

[10] 弗留盖.张量分析与连续介质力学[M].白铮,译.北京:中国建筑工业出版社,1980.

[11] 徐丽,张开军,吴泉军.基于高阶和高效格式的悬停旋翼可压缩无粘绕流的计算[J].计算力学学报,2015,32(4):523－529.

[12] 张卫国,李国强,宋奎辉,等.旋翼翼型高速风洞动态试验装置研制[J].工程设计学报,2022,29(4):500－509.

[13] 汪勇,刘明磊,宋劼,等.一种直升机/发动机系统最经济旋翼转速综合优化方法[J].推进技术,2022,43(1):70－77.

[14] 郭婕.四旋翼无人机系统设计与实现[D].杭州:浙江理工大学,2021.

[15] 高超,贾娅娅,刘庆宽.相对厚度对翼型气动特性的影响研究[J].工程力学,2020,37(增刊1):380－386.

[16] 刘睿,白俊强,邱亚松,等.内吹式襟翼几何参数影响研究与优化设计[J].西安:西北工业大学学报,2020,38(1):58－67.

[17] 廖鹏,姚磊江,白国栋,等.基于深度学习的混合翼型前缘压力分布预测[J].航空动力学报,2019,34(8):1751－1758.

[18] 唐敏,唐正飞,吴浩东.旋翼反扭矩系统结构参数对其气动特性的影响分析[J].直升

机技术,2013(2):15 – 19.

[19] 管清宇.横列式刚性旋翼直升机飞行动力学与飞行控制研究[D].南京:南京航空航天大学,2012.

[20] 王畅.微型旋翼气动特性分析方法与实验研究[D].南京:南京航空航天大学,2010.

[21] 仲唯贵,黄建萍,张义涛.全机风洞试验在倾转旋翼机发展中的作用[J].直升机技术,2022(3):32 – 37.

[22] 王亮权,何龙,徐国华,等.直升机旋翼涡环状态的气动噪声特性[J].空气动力学学报,2022(9):9 – 24.

[23] 王慧平.跨音速多管流旋成体气阀设计及控制方法研究[D].西安:西安工业大学,2021.

[24] 李海.涵道共轴双旋翼无人机总体设计及气动特性研究[D].北京:中国科学院大学,2021.

[25] 王军杰,俞志明,陈仁良,等.倾转四旋翼飞行器垂直飞行状态气动特性[J].航空动力学报,2021,36(2):249 – 263.

[26] 赵鹏越.火星直升机旋翼系统悬停升阻特性研究[D].哈尔滨:哈尔滨工业大学,2020.

[27] 强红宾,薛大鹏,冯新宇,等.基于无量纲化辨识雅可比矩阵选取测量位姿的 Stewart 并联机构运动学标定[J].光学精密工程,2020,28(7):1546 – 1557.

[28] 冯旭碧,朱清华,雷良,等.摆线桨悬停状态气动特性及参数优化[J].南京:南京航空航天大学学报,2020,52(2):311 – 317.

[29] 胡健平,徐国华,史勇杰,等.基于 CFD – DEM 耦合数值模拟的全尺寸直升机沙盲形成机理[J].航空学报,2020,41(3):159 – 173.

[30] 黄明其,兰波,何龙.旋翼模型垂直下降状态气动特性风洞试验[J].哈尔滨:哈尔滨工业大学学报,2019,51(4):131 – 137.

[31] 李永洲,孙迪,王仁华,等.非均匀来流的马赫数可控内收缩进气道设计[J].航空学报,2022,24(9):1 – 14.

[32] 张青竹,张德平.桨叶负扭转对旋翼性能影响的研究[J].科学技术创新,2022(23):11 – 14.

[33] 曹涵.侧向风作用下微型旋翼气动特性分析及实验研究[D].哈尔滨:哈尔滨工业大学,2021.

[34] 朱凯杰.共轴双旋翼式火星飞行器主旋翼系统设计与试验研究[D].哈尔滨:哈尔滨工业大学,2021.

[35] 赵鹏越.火星直升机旋翼系统悬停升阻特性研究[D].哈尔滨:哈尔滨工业大学,2020.

[36] 刘杰,卞新宇,倪寿勇,等.飞行载具扇叶驱动展开机构的扭矩与气动仿真研究[J].液压与气动,2020(10):107 – 112.

[37] 杨婷婷.火星无人机梯形桨叶空气动力学特性分析及实验研究[D].哈尔滨:哈尔滨工业大学,2018.

[38] 曾伟,林永峰,黄水林,等.共轴刚性旋翼非定常气动特性初步试验研究[J].直升机技

术,2017(1):13 – 17.

[39] 刘兵,何国球,蒋小松,等.椭圆形路径载荷下的微动疲劳失效特征[J].材料科学与工艺,2011,19(3):97 – 101.

[40] 蔡伟.基于松弛自由尾迹方法的旋翼性能计算和优化[D].南京:南京航空航天大学,2009.

[41] 刘海.小型无人直升机飞行控制中的动力规划技术研究与设计[D].广州:华南理工大学,2017.

[42] 陈艳红,李建伟.主桨叶损伤容限疲劳试验件提前失效改进[J].中国科技信息,2022(18):43 – 46.

[43] 张璜炜,向光伟,吕彬彬,等.高精度六分量微量滚转力矩气浮天平研制[J/OL].实验流体力学,2021(36):1 – 6[2022 – 09 – 24].http://kns.cnki.net/kcms/detail/11.5266.V.20220402.1442.002.html.

[44] 冯小庭,王航,史骏.挥舞旋转运动薄板磁弹性振动分析[J].机械制造与自动化,2020,49(3):134 – 137.

[45] 刘畅,王润宇,杨萌.无人倾转旋翼机飞行动力学建模及操纵技术[J].直升机技术,2022(3):6 – 9.

[46] 裴诗源,陈仁良,王洛烽.旋翼转速变化对直升机操纵品质影响分析[J].飞行力学,2022,40(1):48 – 53.

[47] 时志能.轴流转桨式机组桨叶抽动及供油泵频繁启停浅析[J].水电站机电技术,2020,43(3):27 – 28.

[48] 王超,王跃钢,李宁.哥氏加速度对火箭橇试验的影响分析[J].中国惯性技术学报,2010,18(3):378 – 381.

[49] 袁铭扬,徐佳伟,曾宏伟,等.刚性/柔性桨叶作用的湍流液液分散体系的液滴尺寸与分布[J].高校化学工程学报,2022,36(3):371 – 379.

[50] 张勇,张铁军,胡旻.直升机桨叶托架的柔性支撑设计[J].科技创新与应用,2022,12(2):108 – 111.

[51] 吴晨,余杨,余建星,等.基于脉冲动量理论的 Savonius 型水轮机性能预测[J].太阳能学报,2021,42(10):399 – 407.

[52] 陈皓,蔡汝铭.平流层飞艇气动外形优化设计:螺旋桨的影响[J].计算物理,2020,37(5):562 – 570.

[53] 张恒,王仁智,蔡佑林,等.喷射流浸没深度对喷水推进尾迹场的影响分析[J].船舶,2022,33(3):20 – 27.

[54] 王燕,程杰,贾安,等.基于本征正交分解的水平轴风力机非定常尾迹特性分析[J].农业工程学报,2022,38(7):69 – 77.

[55] 马创,舒博文,黄江涛,等.面向声爆/气动力的飞行器布局设计知识挖掘[J/OL].北京航空航天大学学报,2022(221):1 – 12[2023 – 08 – 08].https://kns.cnki.net/kns8/defaultresult/index.DOI:10.13700/j.bh.1001 – 5965.2022.0310.

[56] 白亚澍.基于椭圆涡环单元的旋翼动态尾迹模型研究[D].南京:南京航空航天大学,2019.

[57] 杨志强,周灵玲,马阔.直升机自转下滑特性探究[J].中国战略新兴产业,2018(24):177.

[58] 王适存,徐直.旋翼气动载荷的简化求法[J].航空学报,1982(2):1-17.

[59] 胡臣杰,张军.基于时空等待特征系数的大型活动出行规划研究[J].交通运输系统工程与信息,2021,21(4):148-155.

[60] 韩晓耀.基于叶素动量理论的大力矩叶片设计与研究[D].天津:河北工业大学,2020.

[61] 杨永飞,林永峰,樊枫,等.共轴刚性旋翼流场测量试验研究[J].南京:南京航空航天大学学报,2019,51(2):178-186.

[62] 薛立鹏.倾转旋翼机气动/动力学多学科设计优化研究[D].南京:南京航空航天大学,2011.

[63] 倪先平.直升机技术的研究与发展[J].科学中国人,1997(增刊1):27-31.

[64] 高义中.直升机桨叶的非线性颤振分析[J].力学学报,1981(4):372-386.

[65] 钟德辉,曾建华,李明.直升机机载三轴速率陀螺校准技术研究[J].测控技术,2021,40(3):24-27.

[66] 何漠.小型无人直升机移动平台自主降落控制方法[D].哈尔滨:哈尔滨工业大学,2020.

[67] 张爱强.非惯性系下直升机主减速器高精度动力学建模及动态行为机理研究[D].重庆:重庆大学,2020.

[68] 尹涛.一种新型桨尖驱动旋翼操控特性研究[D].南京:南京航空航天大学,2020.

[69] 吴东旭.共轴双旋翼飞行器姿态控制研究[D].沈阳:沈阳理工大学,2020.

[70] 王东升.无人倾转旋翼机全模式控制律设计及组合导航算法研究[D].南京:南京航空航天大学,2019.

[71] 蒋玲莉,印道轩,李学军,等.直升机尾传轴系相对位置变化下啮合力分析[J].振动、测试与诊断,2018,38(5):1030-1036.

[72] 凌爱民.直升机耦合动力学设计对减摆器性能和布局的要求[J].直升机技术,2010(3):1-6.

[73] 许兆棠.传动比对直升机尾传动系统扭转振动影响的分析[J].工程力学,2009,26(12):249-256.

[74] 陈永禄,姚海忠,李太平,等.直升机 N_R 包线拓展飞行试验方法研究[J].科学技术与工程,2015,15(7):111-114.

[75] 刘星亮,徐国华,史勇杰.旋翼布局对共轴刚性旋翼直升机气动特性影响研究[J].飞行力学,2022,40(1):41-47.

[76] 刘泽宇,程兴国.高速直升机的研究进程与未来发展趋势[C]//第九届中国航空学会青年科技论坛论文集.北京:中国航空学会,2020:89-99.

[77] 田圣尧.主动变后掠桨尖旋翼动力学设计分析研究[D].南京:南京航空航天大学,2020.

[78] 肖中云,郭永恒,张露,等.直升机 CFD 仿真现状与发展趋势分析[J].空气动力学学报,2021,39(4):14 - 25.

[79] 赵洪.基于飞行品质的无人旋翼飞行器总体多学科设计优化研究[D].南京:南京航空航天大学,2018.

[80] 倪同兵.旋翼(尾桨)气动噪声的主/被动抑制方法及机理研究[D].南京:南京航空航天大学,2018.

[81] 陈涛,井云鹏.传感器在直-9直升机上的应用和发展[J].电子技术与软件工程,2014(18):127 - 129.

[82] 梁鹏.直升机尾部升力面组合设计方法研究[D].南京:南京航空航天大学,2012.

[83] 刘通,戴玉婷,洪冠新.变化风场中直升机阵风载荷分析[J].哈尔滨:哈尔滨工业大学学报,2016,48(2):173 - 178.

[84] 蒋相闻.直升机气动/雷达隐身特性综合优化设计及应用[D].南京:南京航空航天大学,2016.

[85] 侯斌,孙智,朱俐宇,等.不同俯仰角对直升机水上迫降特性的影响[J].振动、测试与诊断,2022,42(2):388 - 393.

[86] 陈玲.旋翼型无人直升机非线性飞行动力学模型与实验研究[J].现代雷达,2022,44(1):15 - 20.

[87] 雍和,傅春啸,屈天祥,等.基于混合优化算法的直升机旋翼转速优化控制[J].机械与电子,2022,40(5):66 - 71.

[88] 曾伟,袁明川,樊枫,等.直升机旋翼翼型需求分析及技术发展展望[J].空气动力学学报,2021,39(6):61 - 69.

[89] 邓景辉.舰艉流时/频特征对直升机飞行特性影响研究[J].西安:西北工业大学学报,2021,39(5):1087 - 1096.

[90] 龙海斌,吴裕平.直升机机身大角度气动特性计算与试验相关性研究[J].飞行力学,2020,38(4):22 - 27.